国际服装丛书·设计

英国实用时装画

[英] 贝珊·莫里斯 著

赵 妍 麻湘萍 译

中国纺织出版社

内 容 提 要

本书在时装画这个总体概念下,着重讲述时装绘画的基本原则,指导初学者如何迸发灵感创意、诠释时装构思、表现时装艺术,并揭示了如何针对特定客户恰如其分地用色,使用艺术材料及工具,选择恰当的艺术手法、角色及媒介进行表达。本书囊括了时装画与时装艺术表现等主要内容,并将绘画方法融入对历史与当代时装画的总体观察。本书是一本颇具价值的工具书,对时装、设计及插画有兴趣的人都可以从中获益。

原文书名:Fashion Illustrator, 2nd Edition
原作者名:Bethan Morris
Text©2006,2010 Bethan Morris
Translation©2011 China Textile & Apparel Press
This book was designed, produced and published in 2006 and 2010 by Laurence King Publishing Ltd., London.
本书中文简体版经Laurence King Publishing Ltd.,授权,由中国纺织出版社独家出版发行。本书内容未经出版者书面许可,不得以任何方式或任何手段复制、转载或刊登。
著作权合同登记号:图字:01-2010-4518

图书在版编目(CIP)数据

英国实用时装画/(英)莫里斯著;赵妍,麻湘萍译.—北京:中国纺织出版社,2011.5
(国际服装丛书.设计)
ISBN 978-7-5064-7383-5
I.①英… II.①莫…②赵…③麻… III.①服装—绘画技法
IV.①TS941.28
中国版本图书馆CIP数据核字(2011)第042998号

策划编辑:刘晓娟　责任编辑:韩雪飞　责任校对:王花妮
责任设计:何　建　责任印制:何　艳

中国纺织出版社出版发行
地址:北京东直门南大街6号　邮政编码:100027
邮购电话:010—64168110　传真:010—64168231
http://www.c-textilep.com
E-mail:faxing@c-textilep.com
北京华联印刷有限公司印刷　各地新华书店经销
2011年5月第1版第1次印刷
开本:710×1000　1/16　印张:15
字数:216千字　定价:68.00元

凡购本书,如有缺页、倒页、脱页,由本社图书营销中心调换

目录

绪　论　本书的读者 6 / 主要内容介绍 7

第一章　**灵感启发**
　　获取灵感 10 / 探讨主题 13 /
　　创作写生簿 16 / 从灵感到插画 22

第二章　**人物塑造**
　　人体绘画 30 /
　　人体比例：理论与实践 40 / 模版 46 / 难点 50

第三章　**美术技巧**
　　美术材料和工具 62 / 色彩 78 / 面料的艺术表现和花纹的表现 83

第四章　**名家指导**
　　多种媒介：蒂娜·伯宁 94 / Illustrator软件：马科斯·秦 98 / 绣花：路易丝·加德纳 102 /
　　照片集成：罗伯特·瓦格特 106 / 素描画：埃德温娜·怀特 109 /
　　Photoshop软件：汤姆·巴格肖 113 / 墨水：艾米莉·赫格特 118

第五章　**时装设计的表现**
　　情绪收集板和作品集展示 122 / 设计草图与创建作品系列 124 /
　　平面结构图、款式规格图与制作指示 130 / 时装设计的展示 133 /
　　崭露头角——毕业作品的风格 136

第六章　**传统与当代时装画赏析**
　　时装画的起源 140 / 当代时装赏析 151

第七章　**未来发展：引导**
　　作品集制作 208 / 未来：做出选择 212 / 插画代理人 217 /
　　时装画家 218 / 流行趋势预测 222 / 商业时装画家 224

附　录　补充书目 228 / 商业书籍及杂志 231 / 有用的联系地址 231 / 词汇表 234 /
　　图片来源及版权 236 / 鸣谢 237 / 献词 237

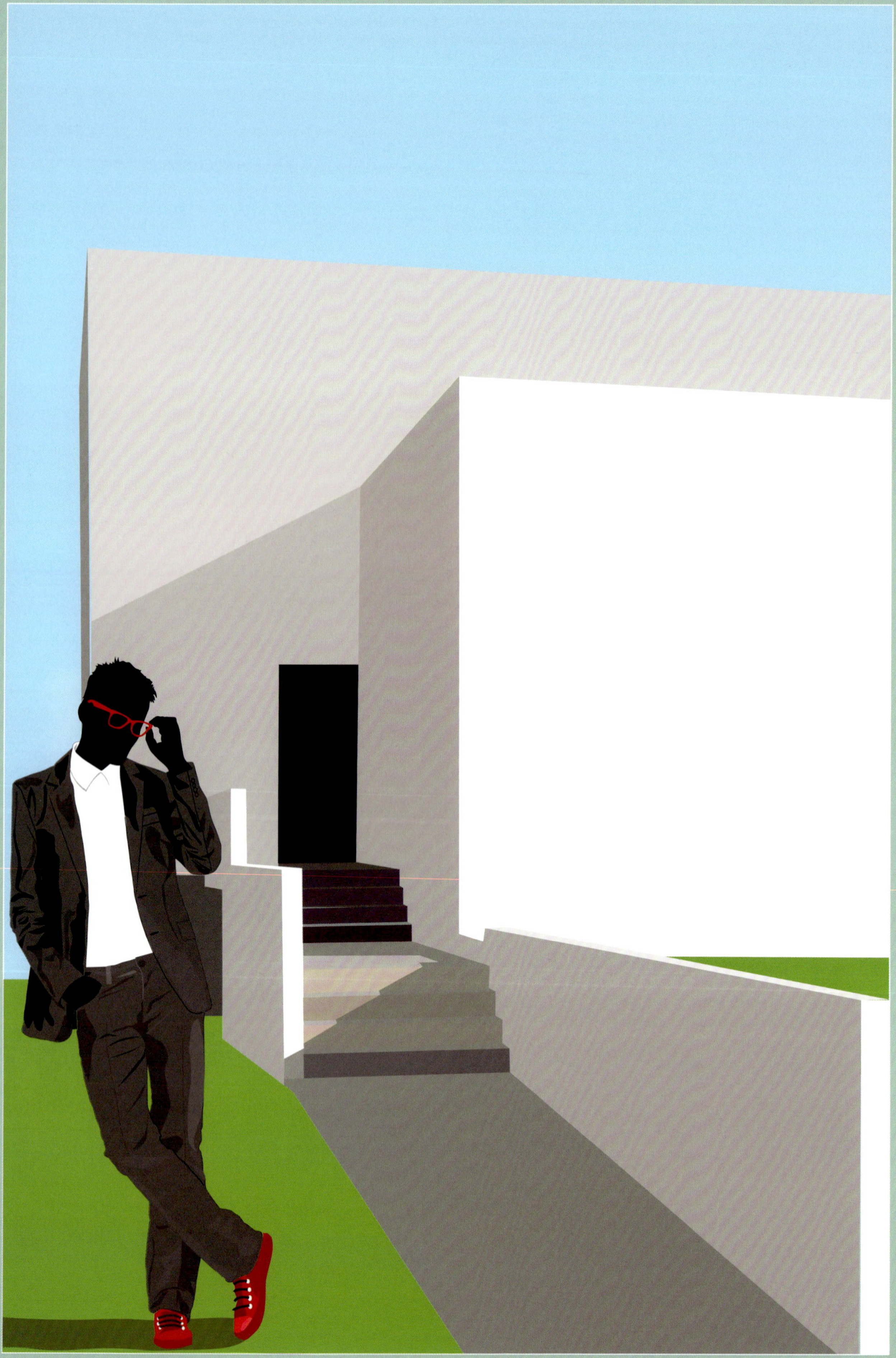

绪论

时装画的书籍摆满书店的书架；杂志经常用时装画取代照片以突显服装作品的特征；时装画还是时髦的服装广告媒介。时装画艺术已经再次成为潮流，这股潮流是否能够延续？答案是肯定的。在自动化和标准化程度不断提高的年代，人们渴望看到引领新潮流的影像制造者推出独具个性的表达方式，那些能够熟练运用非常规媒介且设计形态独树一帜的时装画家们因此而颇为受宠。因为时装画在不断发展并会带来新颖的艺术诠释，因此，时装画在未来的商业世界中必将占有一席之地。

本书的读者

在本书中，"时装画"一词是广义的，涵盖了由时装设计师和时装画家创作的各类艺术作品。本书在时装画这个总体概念下，着重讲述了设计过程中的时装画基本原则。因为时装设计专业的毕业生必须展示自己的时尚理念才能获得工作，因此本书还探讨了有效制做作品集的各种技巧。《英国实用时装画》一书将指导大家怎样用绘画来表现灵感创意、诠释时装构思、展现服装技艺以及如何编辑展示用的情绪板。

《英国实用时装画》虽然为时装设计师提供了益处颇多的知识，但是许多功成名就的设计师实际上只做设计服装的工作，对于时装画，他们通常聘请时装画家来创作以展现服装、推广品牌。因此，学生制作时装画作品集时应针对广告和宣传的性质加以准备。多样化的客户需求要求灵活的反应方式，《英国实用时装画》一书揭示了如何针对特定客户来合理地用色、选择艺术材料和工具以及选择恰当的艺术风格、手法和媒介。

不管你的理想是成为时装设计师还是时装画家，首先都要掌握画人物的技巧。本书专辟一章来介绍人体塑造的实用方法，在学习的过程中你将时常需要参考它。

本书囊括了时装画与时装艺术表现等主要内容，对学习时装设计和时装画的学生将大有裨益。目前市面上的许多时装画技法书籍，进行技法教授时往往附带一堆插画家的宣传性时装画选辑，致使这些不同类别的书籍彼此孤立，但《英国实用时装画》一书将绘画方法融入对历史与当代时装画的总体观察。本书讲解时装插画与艺术表现的基础法则，并且教授日常运用的创作过程，是一本颇具价值的工具书和教科书，对时装、设计及插画有兴趣的人都可以从中获益。

绪论

主要内容介绍

我们都清楚,"时装潮流"不是一成不变的,因而随之衍生的时装画等宣传作品也在不断改变。时装画必须跟上时代,不断创新。在本书中,作者加入了21世纪以来随着时装画的不断快速发展而产生的案例。案例解读、完美的画作和丰富的实践练习与小窍门,令本书从各个方面完整地阐述了时装插画与时装艺术呈现的技巧。本书探讨了艺术家如何从周围的世界中发现灵感,将灵感应用于创作,并鼓励读者掌握多种手法,例如拼贴画、各类绘画工具、数码处理及刺绣等。通过对人体的了解和对不同绘画风格的实践,读者将学会如何用艺术的形式表现人体和服装。另外,对新旧时装画的分析有利于学生树立自信、提高技能和作品水平。与当代插画家的深入交谈,将拓展学生的见地,激励学生思索毕业后在时装画或设计业的职业取向。

本书第一章为"灵感启发",探讨激发创意之源泉,揭示可用构思之获取方式,体验视觉之表现力,令时装画、写生簿及艺术作品等的创作别具一格。本章讨论了如何获得灵感并从中形成构思。读者可融会贯通,以全新视角来看世界。本章还阐述了构思形成的多种途径以及如何在纸上试验主题,帮助时装画新手们摆脱"万事开头难"的窘况。

对于设计师及插画家而言,用写生簿收集构思是其个人发展的基础一课。写生簿上的创作练习也是灵感来源之一。

第二章为"人物塑造",主要讲解基本的绘画技巧,使读者对人体结构有扎实的了解。通过一系列观察练习的实践,读者可以学到如何画好生活和照片中的裸体和着装人物,了解正确的身体比例,准确画出人体特征。同样,对于如何运用模版以及艺术夸张时装人物比例,本章也做出明确的阐述。职业时装画家的作品丰富了绘画技巧内容,这些作品克服了绘制人物画的诸多难点,表现了非凡的才华。

第三章为"美术技巧",全面地介绍了美术工具和材料的运用,并通过一系列优秀的商业时装画家们的作品来直观地指导读者。插画家塞西莉亚·卡斯特德如何选用适当的技巧和工具表现各类不同面料的方法,也将在本章一一展示。

第四章为"名家指导",引导读者按步骤进行

经数码加工的一幅时装画。丽贝卡·安东尼奥(Rebecca Antoniou)创作。

时装画创作，感受不同的创作手法，特别是数码插画家汤姆·巴格肖和马科斯·秦的单独辅导内容是全新的。本章中，埃德温娜·怀特讲述了其受任于《纽约时报》风尚版进行时装画创作的过程，蒂娜·伯宁每季为潮流趋势书籍创作插画，路易丝·加德纳展示了缝纫机多么巧夺天工，其表现力甚至赛过铅笔，而罗伯特·瓦格特通过剪切粘贴，创造出属于自己的标志性长腿女性造型。最后，艾米莉·赫格特将带领我们领略画笔和墨水创造的意象世界。

第五章为"时装设计的表现"，包括案例分析以及最新的时装设计。本章揭示了时装设计师作品集中时装画、草图以及考虑周到的艺术表现的重要性。女装设计师索菲·休姆的创作，揭示了从设计草图到系列时装构建的全过程。规格图和平面图的用处在伯朗加洛·特弗的例子中得以说明。本章还展示了伊本·赫侬系列作品中的部分作品、劳拉·莱恩为图册创作的时装画以及毕业生克雷格·费洛斯的整体创作。

第六章为"传统与当代时装画赏析"，介绍了时装画的百年演变。按年代对20世纪影响最大的插画家们的插画风格进行评述。现代的插画家必然会从传统中寻找灵感，本章也特别介绍了新旧技术与样式的融合。本章第二部分内容详列了来自14个国家的28位杰出时装画家的作品。通过访谈式的问答，介绍每一位插画家的作品和职业经历。对于有志效仿的同学们而言，可以从中得到很好的启发。

第七章为"未来发展：引导"，读者进入时装画学习的最后一课，了解如何有效地制作作品集。另外，关于自我展示、面谈技巧的指导，有助于读者在时装画方面求学与就业。本章还介绍了时装画代理人的角色，其他的业内行家也各自介绍了他们在时装界的从业情况。

为感谢读者，本书的结尾附有补充书目指南、商业书籍与杂志列表、有用的联系地址、词汇表以及图片版权，其中包括了插画家的联系方式。

第一章　灵感启发

本书从各个方面探讨时装画，帮读者建立扎实的基础。但对于学生的职业生涯来说，本书仅能提供指导，有时，如何真正踏上职业之路才是最困难的一环。创新对任何艺术家而言都是挑战。本章将帮助读者了解如何使自己的作品脱颖而出。读者将学会如何寻找灵感，并将之使用于创作中。

获取灵感

美国画家乔治·贝洛斯（George Bellows，1882—1925）曾这样描述："艺术家就是这样一群人，他们或使生命更美丽动人、更简单直接、更神秘莫测，或者，就最好的意义来说，更超乎想象。"这是对艺术家的最高要求。有了这样的期待，在你对艺术创意工作感到胆怯、无从下手时，就绝不能妄自菲薄。为了帮助你开始创作，本章阐述了如何发现灵感，如何从周围的世界获取视觉运用点以及如何将你对世界的观察运用于时装插画、设计和艺术创作中。

应该在哪些具体地点获取灵感？英国设计师保罗·史密斯（Paul Smith）爵士这样说："你可以从任何事物中获得……如果失败了，就是你没有恰当地进行观察——那么再观察一次。"这是个很好的建议。艺术作品的灵感无处不在。在家中闲逛，以新鲜的视角看待周围，就可以成为灵感的起点。你将惊讶于日常单调的物品突然被赋予了全新的价值和可能性。客厅里陈旧的壁纸，正巧是一幅画里的背景图案选择；姐妹的相片，恰好成为画中人物的侧影轮廓。下页图中的时装画背景正是直接来自老式壁纸的灵感。

当你睁眼观察世界时，你将发现到处都有可能启发你想象力的事物。不要因为你的构思已被他人用过而不继续观察。事实上，创意很少是全新的，正如巴勃罗·毕加索所说："你能想象出的都是已存在的事物。"但是，当构思被赋予你个人的理解，它便成为你的原创。

与所有艺术家一样，设计师和插画家们随时在寻找灵感进行创作、勾画新的构思。比如大量阅读书籍和杂志，通晓潮流、音乐、生活评论与时装。戏剧服装与布景设计也可以激发创意。记住携带相机或写生簿，随时刻画或记录激发灵感的人、事、物。

通过旅行可以感受不同的环境，激发想象力，也并不非得是海外旅行。如果你在城市居住，可以到乡下走走，反之亦然。如果你有机会出国旅行，可以逛逛当地的集市和社区，观察人们的传统服饰和日常打扮，品尝新鲜美食，体会文化碰撞。种种体验将使你满怀灵感地结束旅程。

以这张街头人物照为例，它可以带来许多关于时装画的有价值的人物或姿态的灵感。这个女孩在忙碌的巴黎街头显得如此醒目，是源于她鲜艳的雨伞颜色以及相应的整体服装搭配。这个形象正是时装画的起点。

左图

文森·巴库姆（Vincent Bakkum）所创作的一幅时装画，构图运用了多种元素，十分特别。画面背景运用铅笔素描，灵感来自壁纸。飘浮的蓝瓶吸引着观者视觉。模特所戴的头巾在画面中飘扬，仿若一笔挥就。艺术家使用浅色调烘托宁静的意境。不通过杂志、书籍、广告以及其他的渠道广泛收集资讯，艺术家很难获得创新的构思。应了解最新潮流，开放胸怀，接受新的灵感来源。

来自澳大利亚海岸的海滩棚屋为美丽的海岸线增添了一抹灵动的色彩。这幅影像也可以运用于时装画，或者它可以为未来作品创造色彩灵感。

一幢建筑物的内部结构可以与它的外观一样成为灵感来源。木质屋顶结构的独特线条可以运用于时装设计或插画里。

　　要了解最新资讯、世界大事以及电视和电影上映信息，关注世界各大城市社会和人们行为的演变，观察诸如纽约、伦敦、东京、巴黎和哥本哈根等城市的最新潮流。例如，将纽约新兴的编织小馆或者东京的永久喷雾（与文身一样永不褪色的美容用品）运用于艺术作品中。千万别小瞧画廊与博物馆，虽然许多当代艺术展览有时看起来与时装毫不相关，但它们值得一游。往往是你最意想不到的展览能给予你最多震撼。

　　博物馆也拥有丰富的足以启发灵感的创作作品和纪念品去等待你的艺术诠释，因为人们总是爱怀旧。

　　以时装为例，今日的服装很快过时，而已逝去的年代往往是灵感的来源。过去一个年代的款式再度流行，这样的例子屡见不鲜。人们似乎总是在着眼过去时描绘未来。

　　艺术家、设计师或插画家总是在日常生活中发现视觉刺激。即使是到超市，看到架子上醒目的包装，也可以产生新的构想。回家的路上，经过建筑物、路标或公园，特别的形状或质地也可以激发灵感。聆听激昂的音乐可以激起想象力；阅读杂志的影像可以启发新的创意；观看有趣的电视纪录片可以唤起创作动力；吟诵一首热爱的诗歌时可以浮现迷人的意象。灵感随处可得，只待你去发现。

收集灵感

艺术家无一例外都是狂热的收藏家，他们收集那些在旁人看来可能只是废物的东西。收集任何不俗之物，建立创意库，对将来的设计和创作会有极大帮助。留下一切激发想象之物，某个时候便可能获得裨益。大量杂物的堆积可能会造成室友的不满，但一定坚守阵地！这些杂物在将来某天会让你成名——想想特雷西·艾敏（Tracy Emin）的《我的床》。只要可以在自己的作品中使用到，那么美术用品、特别的纸张、包装纸、包装材料、废布头都值得收集。本书第三章将介绍彼得·克拉克（Peter Clark）的作品，他运用自己发现的纸张，如地图和香烟纸等，创作了深受喜爱的拼贴时装画。

人们可以收集任何不俗的物品，因为可以从中获取愉悦，也因为它们有创作可能性。许多插画家喜欢在车尾箱甩卖、旧货市场或慈善商店等地方寻找邮票、烟盒卡片、钥匙圈、手袋、电影衍生商品、日历、纽扣等物品，然后将原创加诸于收集品所带来的灵感上，敏锐的观察使其在所有物品上几乎都可以发现艺术加工潜力。例如，有效地收集镯子，便是时装画创作的绝佳起点。可仔细观察其颜色、形状、细节，思考如何将其运用于相应的时装画中。

书籍也是大有用途的收藏，它们会不断地带来各种灵感。本书所附的补充参考书目，列出了值得阅读的时装书和时装画书。不过，请注意，其他类别的书也能启发创意。二手书店的绝版老书和上架新书可以扩大你的收集范围，带来多样的构思。鉴于书籍的收藏成本高昂，你可以多进图书馆。在安静的环境下浏览一排排书架上的书，同样可以激发灵感。如果随身携带写生簿，在选书的时候，你还可以练习人物写生。

其他平面媒介也可以收集，如杂志和明信片。由于杂志定期出版，其内容与书籍相比通常更新颖。这些最新的影像对你的作品会产生影响和启发。美术馆的明信片也是一种经济的方式，特别是当你无法负担展品目录的花费时，可以用它来收集灵感片段。许多艺术家通过不断参观展览而拥有了几大盒明信片，它们都被反复使用，作为时装画创作的参考。

保有看待世界的热忱，对于时装画家而言尤为重要，同时还要

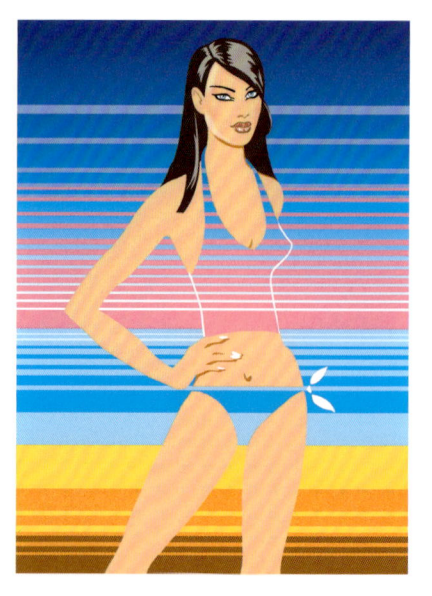

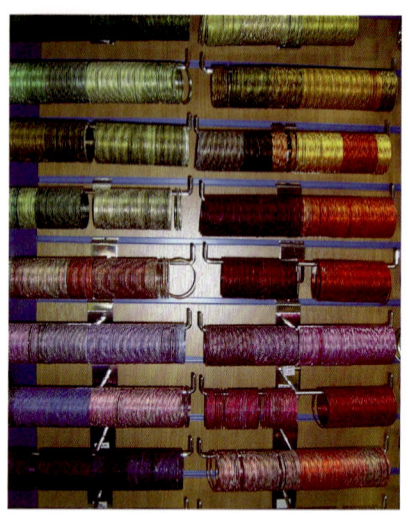

敏锐的观察使人能从所有物品上发现艺术加工潜力。仔细观察这一排排鲜艳的镯子的颜色、形状、细节，思考如何将其运用于相应的时装画中。上图由吉利·洛夫格罗夫（Gilly Lovegrove）所作的时装画，其横条服装正是由鲜艳色彩排列带来灵感。

第一章 灵感启发

有敏锐的洞察力和创造性的诠释能力。

探讨主题

　　创作过程中，最费神的环节无疑是从无到有。从一片空白到构思成形，再到艺术创作定案，期间的困难往往会让人气馁。因此，掌握一定的知识架构，使创作构思得以不断涌现，是至关重要的。

　　阿尔伯特·爱因斯坦曾说过，"想象力比知识更重要"。但是，对绝大多数艺术家而言，在能够利用自己的想象力进行艺术创作前，必须先打好工作所需的知识基础。最简单的起点，便是选定一个主题展开思路。任何有趣的事物都可以成为你的主题，如一件古色古香的日式绢扇，甚至火车站墙上的涂鸦——灵感源泉在这个星球上无处不在。反倒是由于想象力无处不在，人往往难于选择。决断性十分关键，只有选好主题才能真正获得启迪。主题明确才能进一步探索创意细节。

　　围绕主题建立关键词列表，也就是所谓的"思维导图"或"头脑风暴法"，便是极佳的准备工作。比如，对于一个"蝴蝶"主题，

左上图

　　吉利·洛夫格罗夫所作，该画为黑白色调，灵感来自乔治·阿玛尼服装的黑白照片。布料上的花卉图案设计是作品的重要组成部分。

右上图

　　大量参观各种展览，因为你不知道什么会带来有价值的灵感。如果展品目录对你而言太过昂贵，那么只需购买你最喜欢的作品的明信片即可。该明信片购买于乔治·阿玛尼在伦敦英国皇家艺术学院的展览《回顾》。

列出浮现于脑中的关于蝴蝶的意象、想法等的关键词,再围绕这些展开探索。不同的关键词引导出不一样的思路,原本单一的"蝴蝶"概念发展出丰富的联想,而几乎每个关键词都能激发新思路。

以下图片说明了对同一个主题可以进行不同的艺术加工。注意"蝴蝶"是怎样被用于创作循环花样的。绘画展示了蝶翼上的纹路和蝴蝶的对称性,而各种蝴蝶的展示体现了色彩的运用,同时还强调了蝴蝶主题在时装装饰中的广泛应用。通过观察,我们会发现时装设计师的灵感如何来自蝴蝶主题,为服装创作插画的时装插画家又如何应用这个主题。

这四幅图研究了"蝴蝶"主题所引发的不同媒介运用方式,包括在手工制纸上综合运用拼贴画、涂色、素描和杂志剪纸等。这些图像演示了对于蝴蝶的主题应如何进行视觉探索以及探索方向的多样性。

第一章　灵感启发

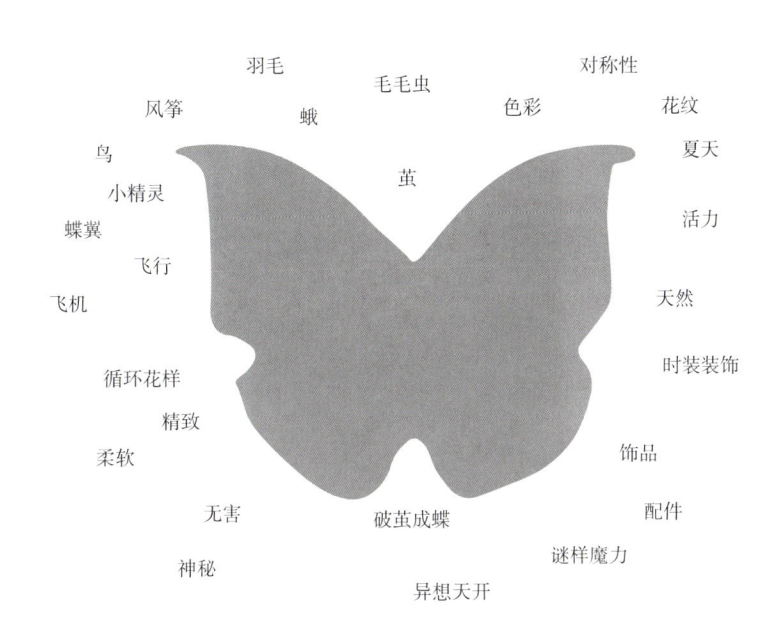

羽毛　　　毛毛虫　　对称性
风筝　　蛾　　　　　色彩　　花纹
鸟　　　　　　　　　　　　夏天
　小精灵　　　茧
蝶翼　　　　　　　　　　活力
　飞行
飞机　　　　　　　　　天然

　　　　　　　　　　　时装装饰
循环花样
　　精致
柔软　　　　　　　　　饰品
　　无害　　　　　　配件
　　　　破茧成蝶
　　神秘　　　　　谜样魔力
　　　　　异想天开

左图
　　这张思维导图列出与蝴蝶主题相关的关键词。列出词汇的方式，能够为时装画家们提供许多构思。

下图
　　想象力的开发与知识的掌握同样重要。一旦有了灵感，收集够素材，明确了主题，插画家便拥有了许多富于想象的构思。杰奎琳·斯瑞姆（Jacqueline Nsirim）的这幅画采用传统铅笔画法，加以Photoshop拼贴蝴蝶创作而成。

创作写生簿

写生簿就是影像记事本或影像日记。它反映了个人对世界的直观看法，其用法又有不同：它可以是随时收集边角布料、影像图片的剪贴簿，也可以是对观察所得的绘画和构思的记录。所有这些，在未来的某天，就可能激发重要的灵感。随身携带一本写生簿，你可以随时随地练习自己的设计及手绘插画技巧。以素描方式勾画小区公园的来往游人、火车乘客、海滩度假者、街上行人以及商店顾客等，均可以提高自己的人物画能力。而风景素描，包括特色建筑等，也可以成为时装画的背景构思。

许多艺术家携带写生簿，以便于尝试不同构思，记录令人印象深刻的景象。据说，毕加索毕生使用的写生簿达178本之多。他通常是先在写生簿上展开主题探索、进行组合研究，完成工作和思路的思考后才开始进行油画创作。与毕加索一样，你在学习与职业生涯中将用掉大量的写生簿。有一些人用以针对某一主题进行探索，而另一些人用写生簿记录随时闪现的念头，希冀在未来造就灵感。

有效地在写生簿上创作是一名艺术类学生提高自身基本功的方式之一。做设计和画插画简稿时需要运用写生簿进行相应的探索，并加以评估。在写生簿上创作，是围绕确定主题范围展开探索之途的理想方式。

写生簿的创作通常是灵光一现的记录，它不断实践各种可能并且常用常新，才能积累丰富的观察和构思，为设计和时装画提供灵感。遗憾的是，人们往往会遗忘这条建议，从而在使用写生簿的时候，保持纸张干净、分割有序、作画整齐，甚至装饰上展示板不用的材料。这样做的结果是，写生簿内容乏味，只有小心翼翼设计的版面，通常为了填满空白的空间还带有即时贴而成为记事本。如此，把写生簿当作创作者事后整理的练习作品集一样珍惜对待，也就失去了创作自主性。这样的写生簿只是无用的工具，而不是艺术创意工作取之不尽的源泉。

下面的"冷冬"写生簿由塞西莉亚·卡斯特德（Cecilia Carlstedt）创作，表现了各种时装画技法，成为一组时装画作品的灵感来源。卡斯特德运用石墨铅笔在写生簿上直接描绘她设想的人物形象。白雪与冬天的主题通过剪纸和数码处理的花纹表现。卡斯特德采用的色彩同样令观者感到寒冷冬季的氛围。作为帮助设计师创作时装画的时装画家们，掌握不同季节的区别至关重要，例如，使用明亮鲜活的色调绝对不是宣传冬季服装系列的好方式。此写生簿设置的场景，为今后的时装画或时装设计创作提供了灵感，可以重复

第一章 灵感启发

利用。

　　初次使用写生簿的最佳方式，是从多种来源中收集创作素材，它可以包括下述任何内容：

- 观察性绘画
- 着色效果研究
- 色彩研究
- 照片
- 拼贴画
- 相关影像，如杂志剪画
- 面料样品
- 现成材料
- 网络搜索
- 展会信息
- 艺术家/设计师引文
- 明信片
- 历史参考（文字或图像）
- 个人记事

塞西莉亚·卡斯特德的写生簿中包含了关于"白雪"的主题研究。她融合不同媒介制作这页图像：创作用纸、雪花剪画、绘画或印制的雪景，各种姿态的模特和服装素描。这件作品被加入她的写生簿中作为一项参考，与主题保持一致，拥有冷色调及雪景色调。这样的资料研究和收集帮助卡斯特德获取日后时装画创作的灵感。

17

当你找到感兴趣的灵感探索主题后,需进一步挖掘以获得个人的艺术见解。例如,仔细观察一张吸引你的图片的花式、质感、形态、颜色等,然后在写生簿上尝试着运用各种手段和工具重新解读和再现它。写生簿也可以是大小不同的。有些可以放入口袋随身携带,方便随处作画,而大些的写生簿则可用于稍大型作品的创作。大多数写生簿所使用的纸张是白色优质厚纸,但也可选择棕色或黑色等纸张,或者采用适合于水彩或蜡笔画的纸张类型。

耐用的写生簿应该是精装的且粘合力好。在写生簿上进行花费将终你一生,但绝对值得——在未来几年后,这些影像研究将为新的创作带来灵感。不断进行写生簿创作,在回顾过去的作品时,发现自己的水平不断提高,也会让人会心一笑。

在此,时装设计专业毕业生克雷格·费洛斯(Craig Fellows)带领我们进入他的写生簿世界,看看只是一些农场的鸡,如何最终成为出色的手绘图案女装系列的灵感来源。费洛斯的写生簿中,首先

18

第一章 灵感启发

展示了他如何运用钢笔画创造一系列图案，加以诡异离奇的文字措辞，而这些现在已经成为他的标志。费洛斯采用数码上色，随后在写生簿中创作了他最成功的图案设计，成了今后设计的参考点。他还将自己最新的手绘图案面料加入Adobe Photoshop，为他的作品集创造了数字展示板，并在自己的写生簿中记录下这个式样，成了一项备选参考。费洛斯的写生簿拥有大量内容，任何看过的人都会爱上它。而最重要的一点是，在他将来成为一名时装设计师的路上，这些是持续的构思来源。

上页图

与众不同的时装创作起点。设计专业毕业生克雷格·费洛斯在其写生簿中记录了不同的鸡的形态。他拍摄一些照片，合并成一张新图。他画了一些具有独特个性的鸡，运用一些文字，加以自己的幽默。

上图

经过进一步的探索，克雷格在写生簿中记录了一些他的纺织印花构想。他以照片和打印方式记下一些他的配件（右上）。克雷格不断在写生簿中记录构思，在他今后成为时装设计师和面料设计师的路上，这些构思将提供宝贵的灵感。

下页图

作为一名设计师，记录各种面料和辅料的成本和可利用性是一个很棒的点子。你不会知道将来某一天是否会需要某一类似的纽扣或某一种面料。克雷格·费洛斯在其写生簿中记录了与其作品有关的一切事物。他的设计草图也附有成衣和印花纺织品照片。

3 items

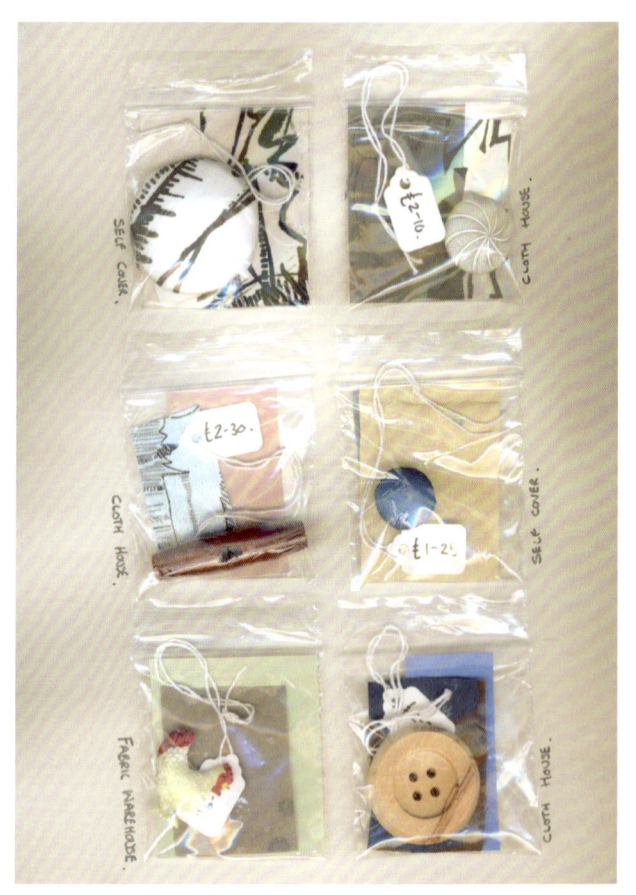

+ blue petti-coat

fastens on left

第一章 灵感启发

从灵感到插画

2004年，丹麦针织设计师伊本·赫侬（Iben Hφj，网站：www.ibenhoej.com）决定采用特别的方式进行她的时装系列推广。当时的她不会想到，简单的邮寄图册，后来竟成为收藏物！

伊本·赫侬的女装系列高雅简约，强调独特的设计和精良的工艺。她自成一格，独立创作，开辟出关于服装、时装画与艺术的迷人的个人领域，却不与世隔绝。

当被问及其品牌世界所接触的人群时，赫侬说："除了我的个人网站所展示的当季产品系列以及在哥本哈根、纽约和巴黎等地时装展上展示的下一季产品系列外，每一季，我都会制作全新的图册，以直邮方式寄出，我称它为'前菜'。因为它们形态很小，只稍微暗示了这个系列的产品。"赫侬在全球范围内，精心选择富有创造力的时装画家及艺术家，利用他们独到的眼光，达到宣传自己品牌的目的。

采用这种方式有很好的理由。"当初我决定为2005年春/夏时装制作直邮图册的时候，我知道我需要与众不同的东西。我希望展示有情调的事物，同时突出我设计的基本元素，而不是仅用一些模特来穿着服装。"赫侬发现，通常在拍摄地与模特共事时间稍长后，拍摄的焦点会突然集中到这个女孩本人身上，并聚焦于她个人的样貌和风格。于是她自问："我要如何才能以更简单直接的方式来向大众展现我的设计？"令人惊讶的直邮图册就是她的结论，图册中包含三张设计实品的照片，皆以极简方式挂在衣架上拍摄而成。除此之外，每季她委任一名新的时装画家或艺术家完成三幅时装画。

一种设计师与时装画家之间进行合作的想法就这样诞生，赫侬着手进行探讨。"我热爱时装画书籍，拥有许多出版物，我的书架上陈列着诸如《时装仙境》（*Fashion Wonderland*）和《罗曼蒂克》（*Romantik*）等书。每次发现独立时装画家的令我喜爱的作品，我便会在他们的个人网站上观看更多作品，并直接与他们联系。"

从众多时装画家中选择一名来推广时装样式是一件困难的事。幸运的是，赫侬在2005年首先选择了斯堪地那维亚人塞西莉亚·卡斯特德。"我实在太喜爱塞西莉亚的时装画作品了，她的画作轻快明亮，与我的时装作品完美贴合。"第二次选择时，赫侬选择了丹麦画家卡特琳·拉宾·戴维森（Cathrine Raben Davidsen）。她对其作品的欣赏已有很长一段时间，认为卡特琳的创作"能量巨大、风格怪诞"。赫侬那时尚不确定对方是否愿意与自己合作，因为卡特琳虽是一位优秀的艺术家，但并不是时装画家。很幸运，她的请求

下图

伊本·赫侬2007年秋/冬季服装系列中的一件服装草图。

底图

同一件服装中的针织设计细节，伊本·赫侬针织品样例。

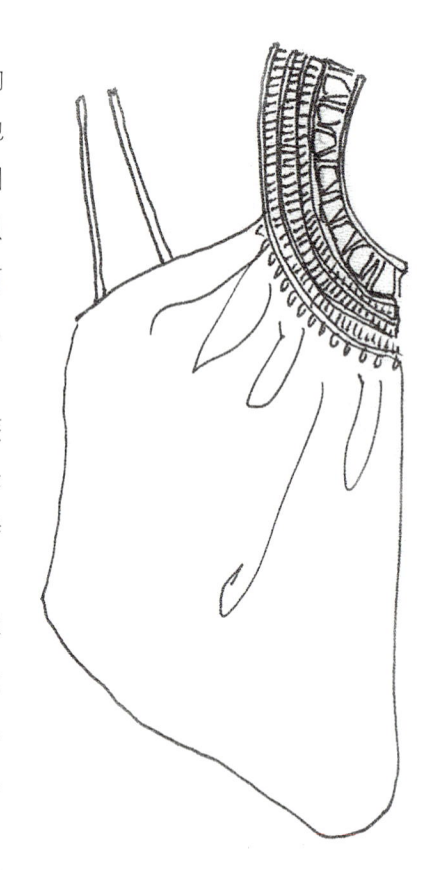

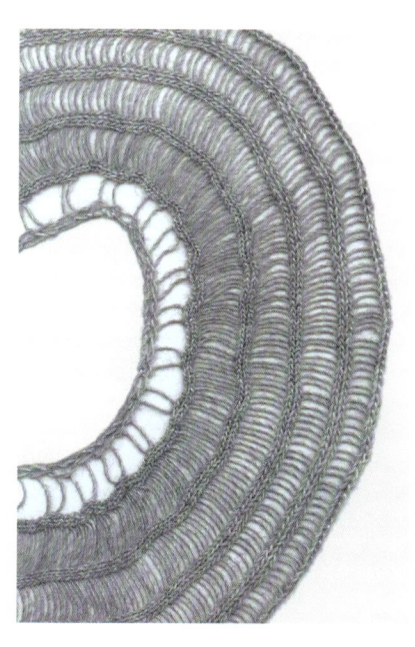

第一章 灵感启发

上图
　　上页草图的服装成品照片，伊本·赫侬2007年秋/冬季服装。

右图
　　画家卡特琳·拉宾·戴维森针对同件服装的震撼性创作。这幅画与卡特琳的其他作品共同构成伊本·赫侬2007年秋/冬季作品直邮图册内容。

"……一种设计师与时装画家之间进行合作的方式。"
——伊本·赫侬

被接受，接下来的2007年秋/冬季设计合作采用一些独树一帜的针织衫展示方式，也获得了令人瞩目的成功。

　　在与赫侬的合作中，拉宾·戴维森评述到，"赫侬是一个观察敏锐的人，对我的想法和观点十分开放，她让我完全自由地去了解她的世界。我当时正在进行蜘蛛人主题的创作，赫侬的针织作品令我获益良多，想到许多错综复杂的网状图。"当被问及为何决定接受来自时装业界的工作，拉宾·戴维森说："针织作品与女性视角相联系，这个主题我非常感兴趣。我可以从不同方面与赫侬的工作联系起来，尤其是，我的父亲就是一名时装设计师，他为伊夫·圣·洛朗工作。时尚一直是我生活的一部分。在我自己的作品中，我经常使用一些来自时装界的元素，也经常逛大型时装商店寻找灵感。目前我正与丹麦时装设计师斯蒂恩·戈雅（Stine Goya）合作，创作一组印花作品。

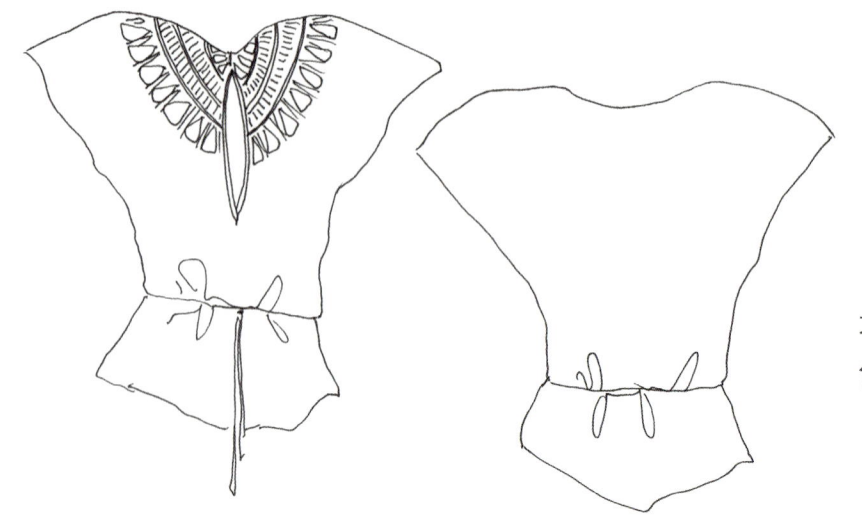

"我让插画家完全自由地掌控自己的设计,创造他们喜欢的东西。"
——伊本·赫依

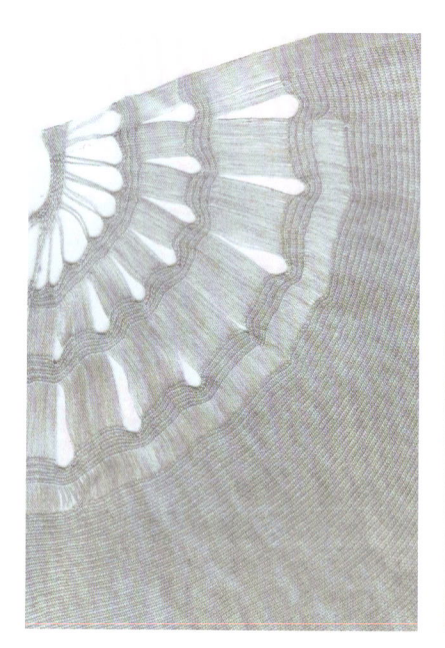

本页图

伊本·赫依2008年春/夏系列的设计草稿,针织作品样例和成衣。

下页图

斯蒂娜·帕森(Stina Persson)的剪纸,完美表现了赫依的典雅针织服装的技法,来自2008年秋/冬系列直邮图册。

之后一季,我们在赫依的图册中看到了斯蒂娜·帕森(Stina Persson)的画作,她结合了水彩画与剪纸。(帕森的作品被放在封底和陈列展示部分)帕森这样描述她如何开始与赫依的合作:"2007年,我在纽约hanahou画廊办了一场名为"圣母受孕日及她的朋友"的展览,我准备了40幅意大利妇女的油墨画画像,拼贴了墨西哥剪纸(Papel picado,打孔纸)。当赫依联系我谈及合作的时候,我正沉浸在这样的画像创作中。这些漂亮的剪纸正好完全符合赫依梦幻般的针织衫作品。我也喜爱这种用油墨画表达的浓烈醒目的女性形象和她们所穿着的超薄的精致服装间的强烈反差感。这正是我对赫依的设计和身着其服装的女性的看法。"

第一章 灵感启发

"这些漂亮的剪纸正好完全贴合赫侬梦幻般的针织衫作品。"

——斯蒂娜·帕森

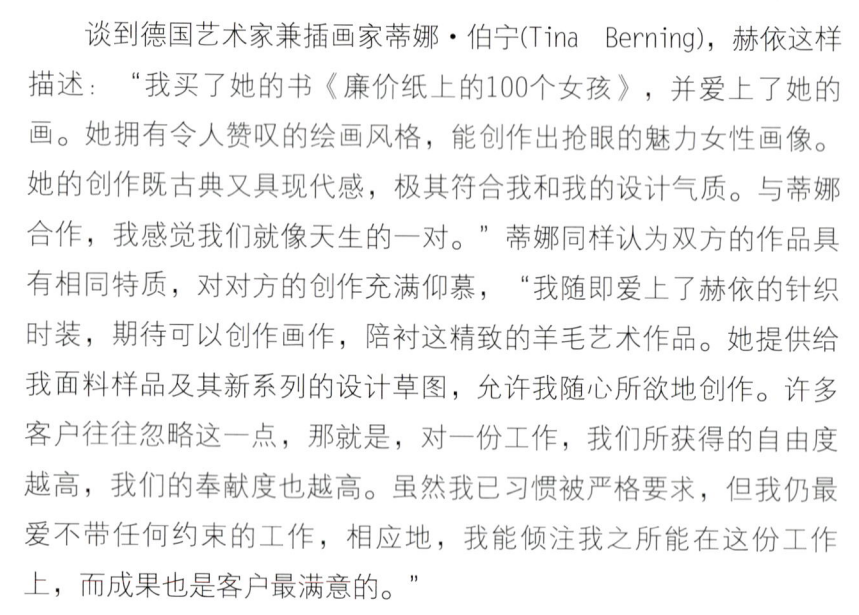

谈到德国艺术家兼插画家蒂娜·伯宁(Tina Berning)，赫侬这样描述："我买了她的书《廉价纸上的100个女孩》，并爱上了她的画。她拥有令人赞叹的绘画风格，能创作出抢眼的魅力女性画像。她的创作既古典又具现代感，极其符合我和我的设计气质。与蒂娜合作，我感觉我们就像天生的一对。"蒂娜同样认为双方的作品具有相同特质，对对方的创作充满仰慕，"我随即爱上了赫侬的针织时装，期待可以创作画作，陪衬这精致的羊毛艺术作品。她提供给我面料样品及其新系列的设计草图，允许我随心所欲地创作。许多客户往往忽略这一点，那就是，对一份工作，我们所获得的自由度越高，我们的奉献度也越高。虽然我已习惯被严格要求，但我仍最爱不带任何约束的工作，相应地，我能倾注我之所能在这份工作上，而成果也是客户最满意的。"

伯宁完成了三幅画作，在现成的发黄旧纸上诠释赫侬的设计。她选用水粉和中国墨汁，纸上留出足够的背景空间讲述它们的内涵，每个细节都由手绘完成。原图现在悬挂在赫侬的墙上。

芬兰插画家劳拉·莱恩（Laura Laine）成为赫侬在2009年这一季的选择。第五章中介绍了她的作品。在此章中，她的插画对伊本·赫侬时装设计的表现做了更详尽的解读。赫侬这样形容铅笔画加水彩画法创作的女性形象："她柔和优雅、慵懒迷人。"莱恩清新动人的画作，成为伊本·赫侬品牌的最合适的形象诠释。

每一季，赫侬展示着如此的才能，难怪收藏家们常常要寻找她的直邮图册过刊。但是，在这个日新月异的潮流导向的圈子里，设计师通常提前两季进行设计，那么，这种合作方式是如何实际操作的呢？"在初步介绍情况后，我向时装画家介绍自己和作品。"赫侬解释，"接下来我会统查实际工作的所有情况：时间表、需要

上图

伊本·赫侬2008秋/冬季系列的设计草图、针织作品样例和成衣。

下页图

图中的服装（包括其他几件）来自伊本·赫侬2008年秋/冬季直邮图册，插画由蒂娜·伯宁创作。图册均采用相同的模式，但每个时装画家给予图册不同的生命。蒂娜·伯宁表现的抢眼的女性形象在赫侬的图册中展示了个性与美。服装图片的拍摄注重展示针织品的天然精致美。以这样的图册形式欣赏服装及其画作形象，感觉十分新颖。

第一章 灵感启发

27

的图画张数、服装系列的灵感等。然后我会寄一整套材料，包括仿制风格的照片、设计草图、针织工艺图和色卡。如果对方有不同的工作方式，我会让他们知道我偏好的风格。我很惊喜，在完成创作前，他们都没看过最终的服装成品。服装的照片在系列完成后待销售时才加入。在这个框架内，我给予时装画家完全的自由，去创作他们自己喜欢的东西。"赫依一定觉得这个过程是令人兴奋的。根据这些条件，几个月后获得恰如其分、梦寐以求的展现其针织作品的画作，的确是一件美妙的事。

当被请求挑选一位艺术家（在世或不在世皆可）来创作她的系列作品插画时，赫依不假思索："我应该会选择琪琪·史密斯（Kiki Smith），因为她的作品一直是我的创作灵感。能够看到她通过我的作品创造新的事物，太令人期待了！我最近的灵感探索来自艺术家杰奎琳·迈沃（Jacqueline Marval，1866—1932），她的作品风格强烈，令人叹为观止。她对细节、色彩和整体风格的把握，我相信，出现在我的画册中绝对是极佳的。我也很欣赏折纸艺术家苏·布莱克韦尔（Su Blackwell）以及她创造的美丽的折纸童话故事——纤巧、诗意且极具启迪性！"

当决定委任一名时装画家或艺术家时，赫依会同时买下原图及其使用权。虽然她拥有版权，但并不会将作品用于经允许以外的其他用途。"完成图册的编辑，并在我的时装周展位上采用这些画作后，这些作品仅作为我每天的个人欣赏！"

谈到伊本·赫依的图册，蒂娜·伯宁说道："图册的设计完全不变，但每期的内容却焕然一新，推出一位全新的时装画家和一组全新的产品系列，全新一期的画册将振奋人心。伊本·赫依的集册或图册是一个绝佳的案例，它展示了一种强有力的容纳模式，包括任何创意、任何风格、任何工艺、任何艺术家，而不丧失理念。当我在艺术院校讲课时，我经常向新生们展示这些图册以进行讲解。这个绝佳的案例告诉我们，无论多久，坚持都会有回报！"

赫依表示同意蒂娜·伯宁的观点："每天一幅画，医生远离我！"她同时提醒时装画家们："找到自己的风格——不断练习、练习、再练习——以成名为目的！"

"……收藏家们常常要寻找她的直邮图册过刊。"

第二章　人物塑造

时装画和时装设计的核心是人物形象。正确把握人体比例和结构，才能创作令人信服的时装画和服装设计。本章讲述人体画的基本要点及建议，加上一些简单易记的小窍门，这将有助于读者的整个艺术生涯。要想熟谙着装的人体，需按照以下内容进行练习。

人体绘画

纵观艺术史，人物一直是所研究的中心课题——几个世纪以来，美术界都在进行裸体人物的绘画。服装对人物绘画提出了深入的挑战，在使人物画更多样化的同时，也发展出了时装画艺术。

如果你对人物画较生疏，你可能会因为这门学科的复杂而感到沮丧。绘制人物被普遍认为是最难开发的艺术才能。你听过多少次类似"我不会画脸"或"我不会画手"这样的话了？问题不在于画人物画的困难，而在于它太容易被品鉴了。人们如此了解自己身体的分布和比例，以至于一眼便可以看出不准确的地方。所以，除非一幅画精准到无可挑剔，否则就会被认为失败，令画者失去信心。

从本质上说，一幅绘画不过是一个人在画面上完成一系列他人可以领会的符号。在时装画里，人物绘画更重要的在于发展个人风格，进行个人化的有意义的创造分析，而不仅在于精确度。但是，这并不是因为你不具备正确评估比例的能力而画出不成比例的大头人物的借口。时装画家首先必须了解正确的人体比例，在此基础上才可能发展个人特色。

通过绘画，人们学会观察。如果没有被要求正确地描绘人体，我们仍可能会误认为自己了解人体。通过在纸上画人物，我们会对人体更有领悟。因为视角不同，画出的作品也各有千秋。应以全新的视角观察并真实记录，而不依赖记忆和经验来鉴别正误。不要受既有观感的影响，只需画下自己的观察即可。

裸体人物

裸体人物应该作为所有人体研究和时装绘画的基础。不了解人体结构和形态，就根本无法进行着衣人体的绘画。虽然在21世纪，艺术家与插画家开始不再将解剖学习作为正式训练的一部分，但是，熟悉人体结构绝对可以提高个人悟性。当构思时装画中的人物时，应考虑穿在衣服下的人物体形。米开朗基罗和达·芬奇所画的人体解剖观察墨水画描绘了真实的人体美感，他们的作品都可以带来灵感。

为了进一步拓宽解剖知识，读者可以参考书本或参观自然历史博物馆，了解骨骼、关节和肌肉的活动如何形成人体骨架的活动。掌握了关节运动带动骨架的活动的细节后，可以创作更加真实的人物画。

巴勃罗·毕加索对人体解剖了解很透彻，在此基础上他创作了大量裸体人物作品。这里选取的几幅作品概括了艺术类学生的重要课程。《两个裸女》一图展示了毕加索线条运用的精练。毕加索运用墨水笔直接画出两个陷入深思的女性，抓住了她们的不同情绪。裸体女性画在有色背景上，只用稍许调色来增强线条和人物形态的洗练感。

在作品《裸躺妇女》中，毕加索运用多种工具创造出不同色彩和花式的板块，这种实验性的创作丰富了作品。

不知道毕加索在创作这幅图的时候是否清楚成品的效果。就像有一句话说的："如果完全明白自己接下来要做的事，那么做这件事又有什么意义呢？"

左图

巴勃罗·毕加索，《两个裸女》，1902~1903年，采用墨水笔在卡纸上作画。

运用简练的线条、稍许调色、简单的形象，毕加索便抓住了主要的线条和两个垂拱形裸体的形态。他的技法果断大胆。

左下图

巴勃罗·毕加索，《裸躺妇女》，1955年，纸张拼贴与帆布油画。

不对成品效果设限，尝试不同的作画方式，实现出奇制胜的效果，这就是毕加索在图中展示的。他随意运用了不同色块和花式，表达状似无意的构思概念。

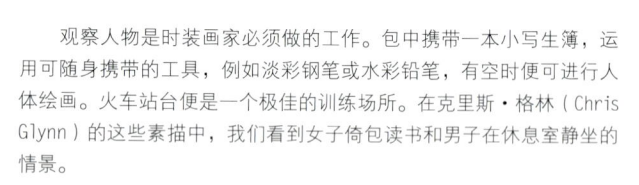

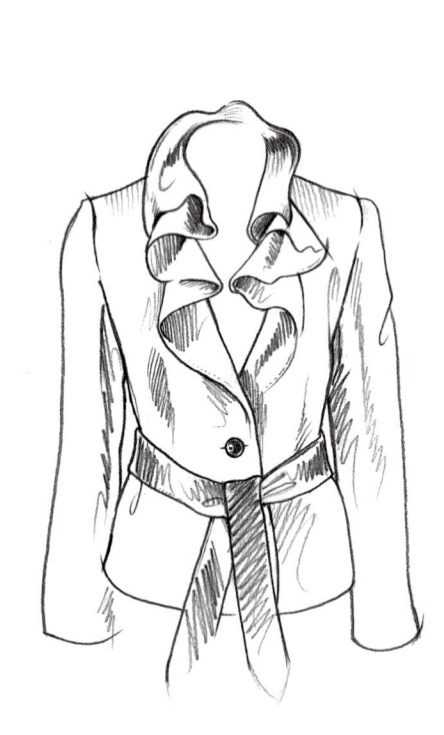

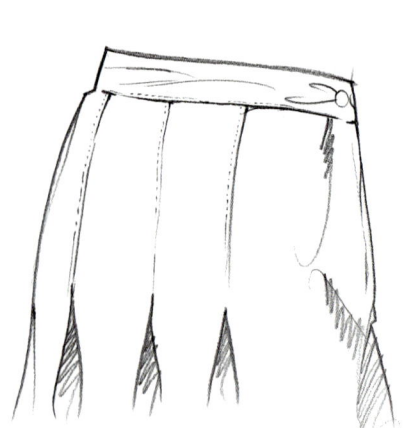

观察人物是时装画家必须做的工作。包中携带一本小写生簿，运用可随身携带的工具，例如淡彩钢笔或水彩铅笔，有空时便可进行人体绘画。火车站台便是一个极佳的训练场所。在克里斯·格林（Chris Glynn）的这些素描中，我们看到女子倚包读书和男子在休息室静坐的情景。

服装细节的快速写生训练将提高你对服装结构的认识，增强画面上服装穿在身上的效果。

着衣人物

了解面料穿在身上后的自然悬垂效果，对于有效把握着衣人物的绘画，也就是对衣服的缝合、收紧、褶皱及飘动效果对衣服合身性的影响把握起着关键作用。虽然并不需要懂得缝纫知识才能作画，但一定程度的了解可以增强对衣服的结构把握，正如对人体结构的了解一样。在作画前详细解析着衣人物的各个部分，才能对衣服的合身性及悬垂效果胸有成竹。

人物绘画的另外一个重要环节是使人物大小与背景相符合。这需要考虑人物如何与环境融为一体以及所在情景对人物的限制。注意对大小比例、构图及服装进行考量。应练习各种实景中的人物画，例如沙滩玩耍的孩童、购物的顾客、踢足球的少年、咖啡馆进餐的情侣、扶椅上蜷曲身子或在沙发上小憩的人、开会中的员工、看电视的友人、公交车乘客或公园长椅上闲聊的老婆婆们等。进行这样的写生练习可提高你把握物体远近比例关系的能力，画出与周围环境比例匹配的人物。通过实景写生，还能获得创作性时装画的背景和场景设计构思。

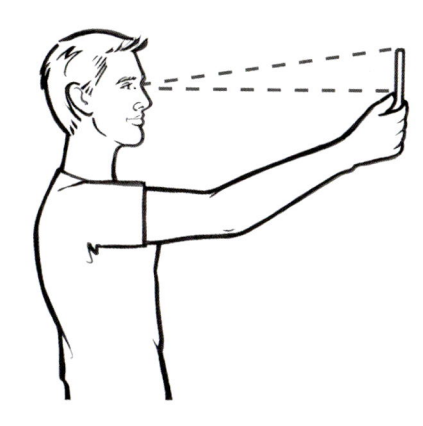

举起铅笔在身前一臂处，对着面前的绘画对象进行测量。眯一只眼，用笔尖和拇指做标记测量，例如测量腿相对其他部位占身体的比例。

人物测量和取景卡的使用

绘画裸体或着衣人物时，最难掌握的技巧就是正确把握人体比例。为了提高该技巧，许多艺术家用笔来度量人物，用取景卡框住模特，以获得正确的长宽比例。

举起铅笔在身前一臂处，对着面前的绘画对象进行测量。眯一只眼，用笔尖和拇指做标记测量，测量人物每个部分相对其他部分的比例。你同样可以用铅笔比量人物手臂弯曲的角度，然后据此入画。这个方式可以相对准确地估量人体的各种较难绘制的折弯角度。

取景卡是一张中间带有与画纸比例相等的方框的纸卡。在左眼或右眼前举起取景卡框住人物。取景卡可助你忽略掉人物周围的环境空间，只绘画方框里的图景。可以使用取景卡尝试不同的取景，选择内容较多或较少的背景。

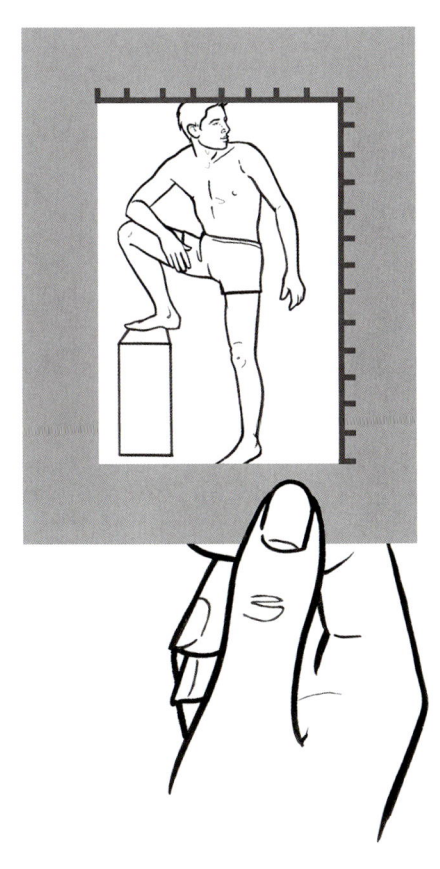

取景卡是制作简易的装置，可以帮助你选择图片所需人物背景的大小。通过移动取景卡，你可以选择最好的视图。

左下图
　　大篇幅的人体写生令人印象深刻。在此，马雷加·帕瑟（Marega Palser）采用炭笔，以醒目的色彩、有力的线条、形状和强烈的花式，使作品充满张力。

中下图
　　在进行人体写生的时候可试用不同工具。许多画家选择炭笔，因为它能突出富有表现力的线条。不过，这里尝试的是采用油性蜡笔在牛皮纸上作画。油性蜡笔颜色丰富，质地呈稠密蜡状，可以呈现人物素描的别样风采。

右下图
　　这里是马雷加·帕瑟的写生簿的一页，他快速勾勒了一系列人物。作者采用铅笔重点描绘了一些不同的姿势，以增强对人物及其活动的把握。

人体写生

　　尽可能多地进行人体绘画是提高人物表现力的最好方式。许多艺术中心或艺术院校都开设人体写生课。你的第一堂人体写生课也许面临巨大挑战。你将坐在哪？你用什么工具？你会感到尴尬吗？你该从哪里开始？很多艺术家建议，在上人体写生课时最好的方式是把裸体模特视为线条和形状的组合，而不去想站在你面前的是个真实的人。裸体素描是观察和掌握人体的终极试验，要求画者完全专注，才能比设想的更容易摒除杂念。

　　最多的着衣人物绘画的练习，是在家人或朋友看电视时进行的。许多人在休息状态中会保持达15分钟不动。公共交通工具也是很好的捕捉人体姿势的场所。乘坐火车、公交或参加活动时，随身携带一个小本写生簿，这些场合都有许多人可供写生。

　　下一页的写生来自弗朗西斯·马歇尔（Francis Marshall）。虽然由于为巴黎世家、雅克·法特和迪奥作时装展写生而闻名遐迩，但他仍抽空进行人物写生练习。

第二章 人物塑造

为了更准确刻画模特的台步姿态，弗朗西斯·马歇尔时常画观察速写。他的写生簿里画满了女子行走的身影，对脸部特征和服装饰品也有细部刻画。

詹姆士·马库斯(James Marcus)使用炭笔练习日常生活中的人物写生，从而大大提高了对着衣人体的掌握。完美的艺术成品绝非一蹴而就的，相反，艺术家需要了解身体各个部分。

观察性绘画和直观练习

人体写生被认为是"客观性"或"观察性"的绘画,即通过直接观察实物记录下图像,目的是为了真实可靠地展示所见人物(或事物)。在记录所见所得时,这种绘画方式依靠的是你的视觉判断。在对人物进行更详细的研究前,根据直观观察进行简单练习,可以使头脑接受眼睛看到的东西,而不是依靠自己的想象和诠释。这样的方式一定是真实的。

"不低头"式练习

集中精力观察你面前的人物,准确画下你的观察所得。动笔后不看自己的画——只需要看着人物,在纸上再现他的形态,在作画时自己不做评判。集中注意力,观察人物的轮廓以及由轮廓所表示出的姿态。尝试如此作画,你可以忘记固有的经验,完全依赖于观察所得。在观察人物时,大脑也许会代替你进行形象塑造,照着心里既定的形象绘出人物,从而不能真实地反映人物原本的样子。大脑不断地检视自己的画作,企图去纠正自己所认为的偏差。而相信自己的双眼,才能如实地创作。

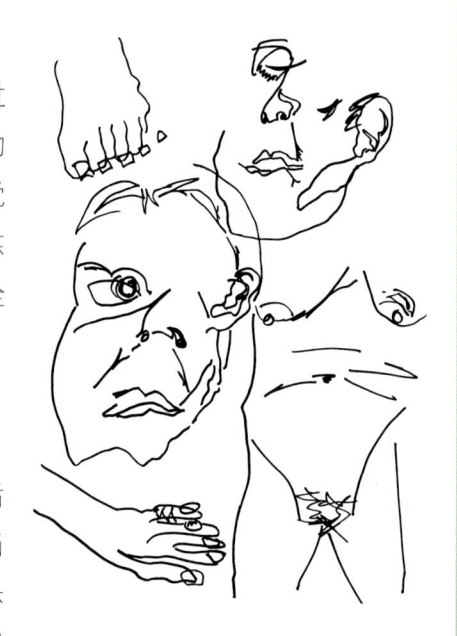

"不低头"式的练习帮助画者运用全部精力观察将要描绘的人物,主要要求是,画者在作画时不看自己的纸张。也许所绘出的画作并不是完美的作品,但它对于观察力、下笔自信度颇有帮助。

一笔画

根据观察，进行人物一笔画。看着绘画对象的同时，作画的手保持不停地绘画，线条便可连续。任何中性炭笔、铅笔或钢笔都可以用来作一笔画。要避免进行准确的细节描绘，例如用较多细碎笔划描绘面部表情。该练习的目的是灵活地一笔记录所有特征。上页中左下图和右下图的两幅画便是一笔画作品。画风随意之至，仅以几笔数码上色加以修饰。徒手作画后再用电脑修饰效果，也是不错的尝试。

轮廓绘画练习

练习人体写生绘画时，需要学会不看细节，集中观察整体勾勒轮廓，这是很有用的技巧。将观察简化，通过想象将眼前形象变为平面，仅观察他的轮廓。学着注意周围空间，即与人物相接的周围的背景。当你专心创作形态时，你画中的前景人物的勾勒也将更加准确。如马蒂斯所画的这张背影图（见左上图），简单的笔画勾勒出他所观察人物形态的轮廓。与人物相接的周围空间对轮廓凸显很重要。

左上图
轮廓勾勒法的佳作。马蒂斯仅以几笔便使人物跃然纸上（1949年）。

右上图
来自英国设计师奥西·克拉克（Ossie Clark）的线条画作品，来自克拉克1970年的写生本。服装设计的细节突出。

上页左下图
一笔画练习包括以一笔流畅地创作人物。露丝·奥莱莉（Rose O'Reilly）将作品扫描，采用电脑上色强调了手部细节。

上页右下图
线条画以路易丝·布兰瑞丝（Louise Brandreth）这张时装画作品影响尤甚，虽然画中人物并没有明显的轮廓线，却由许多交叉线绘出。经由一点电脑上色完成。

实际运用

当熟练掌握了前面提及的所有技巧，你便可以开始时装画创作之路了。时装装扮了人的形态，所以插画中通常包含了人物的创作。在本页里，萨拉·辛（Sara Singh）的插画表明了观察性绘画的重要性。萨拉·辛用一笔画勾勒出模特斜倚在工作室的姿态，人物面部稍加刻画，但并不细致。其中，对人物只是注重了轮廓的观察和描绘，以陪衬服装和配饰。萨拉·辛用墨水笔来表现羽毛围巾的轻薄感。围巾缠绕于模特的身体，巧妙地遮掩了模特的赤裸。用比人物轮廓略深的墨水描绘Ricci Girl品牌的配饰，以吸引观赏者的注意。

未穿衣服的人体往往是很好的广告工具，也是时装产品宣传很好的陪衬。第39页上图由清水裕子创作的插画为仅穿着比基尼的模特。她本该穿着服装的身体却绘满文身，而要宣传的美妆产品被巧妙地安排入这幅作品。清水裕子的墨水描画经Photoshop处理，效果更加动人。没有一定的人体绘画功力是完成不了这幅插画的。对于清水裕子而言，描绘人体的各种姿态是那么熟谙于心，因为她每天都进行专业训练。

第39页左图汤姆·巴格肖（Tom Bagshaw）的数码时装画同样描画了一名裸体女子。巴格肖用她展示了脖子上的珠宝配饰，免去了服装对观者注意力的转移，观者第一眼便会注意到这件时装配饰。在本书第四章中，汤姆·巴格肖还将展示另一幅类似的时装画作品。

萨拉·辛的插画表明了观察性绘画的重要性。画中模特是参照真实女性的身体比例画的。人物轮廓经细心观察画出，只作为服饰的基底。

第二章 人物塑造

上图

　　对于清水裕子而言，描绘人体的各种姿态是那么熟谙于心，因为她每天都进行专业训练。这个用来宣传皮肤护理产品的人物形象使用墨水画出，并经Photoshop加工。

左图

　　汤姆·巴格肖用数码绘画创作了这幅时装画。经由Photoshop和其他一些软件使得形象魔幻化，甚至超自然化。

人体比例：理论与实践

人体

进行时装人物绘画时需要了解人体标准比例，但同时，也必须清楚人体是形态各异的。服装穿着是人的一种自我表现方式，也是展现创意的途径，因此时装画的形象创作必须建立在严谨的观察之上。文化传统的衍变以及时代的变迁，伴随着服装穿着的改变。例如，曲线玲珑的身体、波浪短发受到20世纪50年代人们的欢迎，而在60年代，则是苗条的身材、长直发大行其道。时装插画家通常会表现所处时代的审美观，通过夸张的演绎来突出这些特征。

由于姿势和身体比例可能因人而异，时尚标准也不断演变，所

人体可划分为11个基本区块，由此可将人体视为一个形状系列。

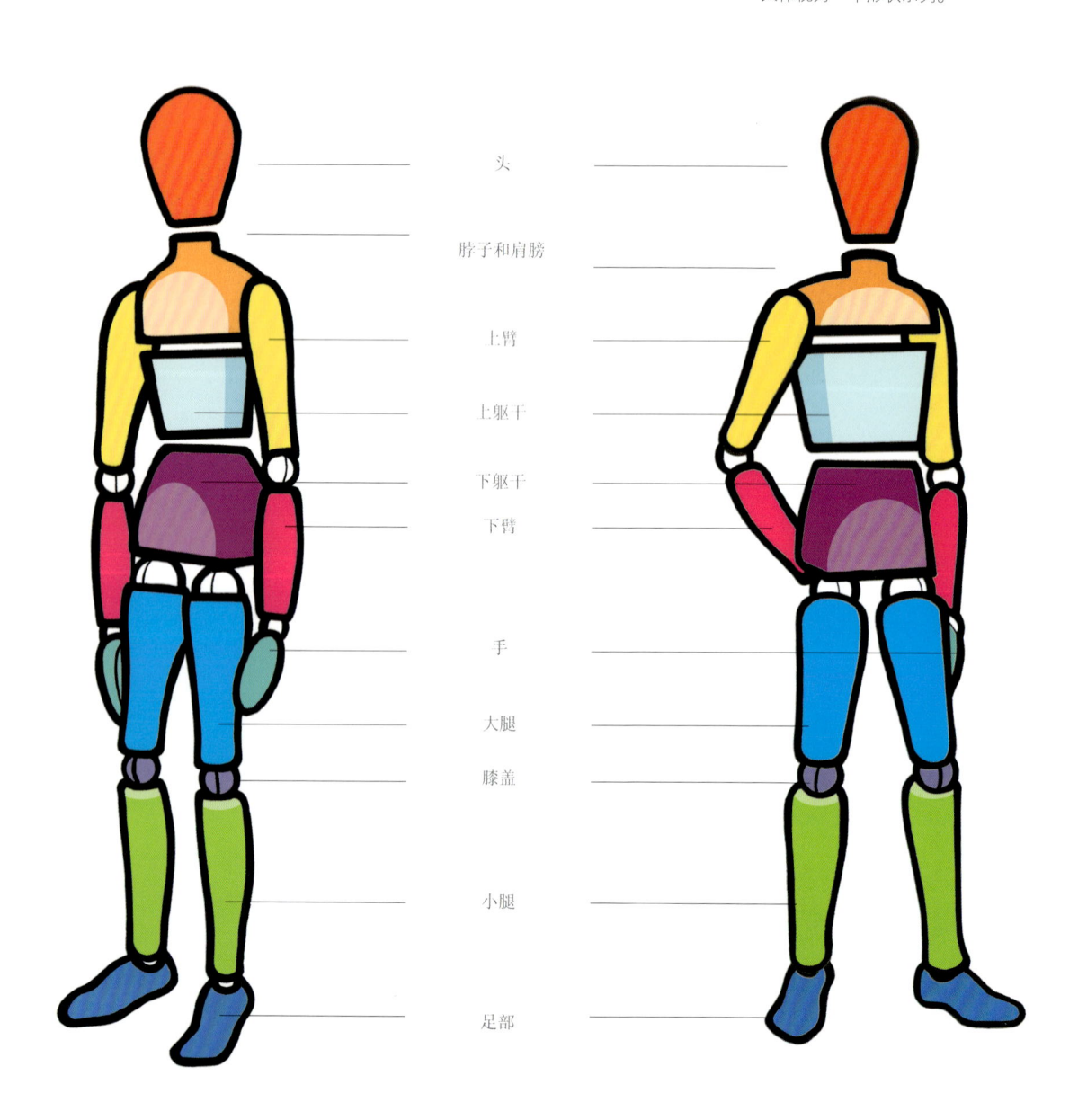

头

脖子和肩膀

上臂

上躯干

下躯干

下臂

手

大腿

膝盖

小腿

足部

第二章 人物塑造

以艺术家们必须牢记第40页示意图中的人体基本组成部分。开始人体研究最行之有效的方法是，将之视为一个形状系列。为求简化，可把人体想象成由11个基本形状块组成。

这些基本块可摆放成不同的姿势。活动木头人偶的各基本块进行练习，以不同角度作画，目标是掌握这11个人体基本块是如何彼此牵制而活动的。掌握所有基本块的彼此牵连关系，并记住他们的比例大小。

这个练习是时装画创作的必要准备，让你在专心注意服装的细节之前画好各种姿势。

通过木偶练习人体姿势绘画，观察11个基本块是如何彼此牵制而活动的。

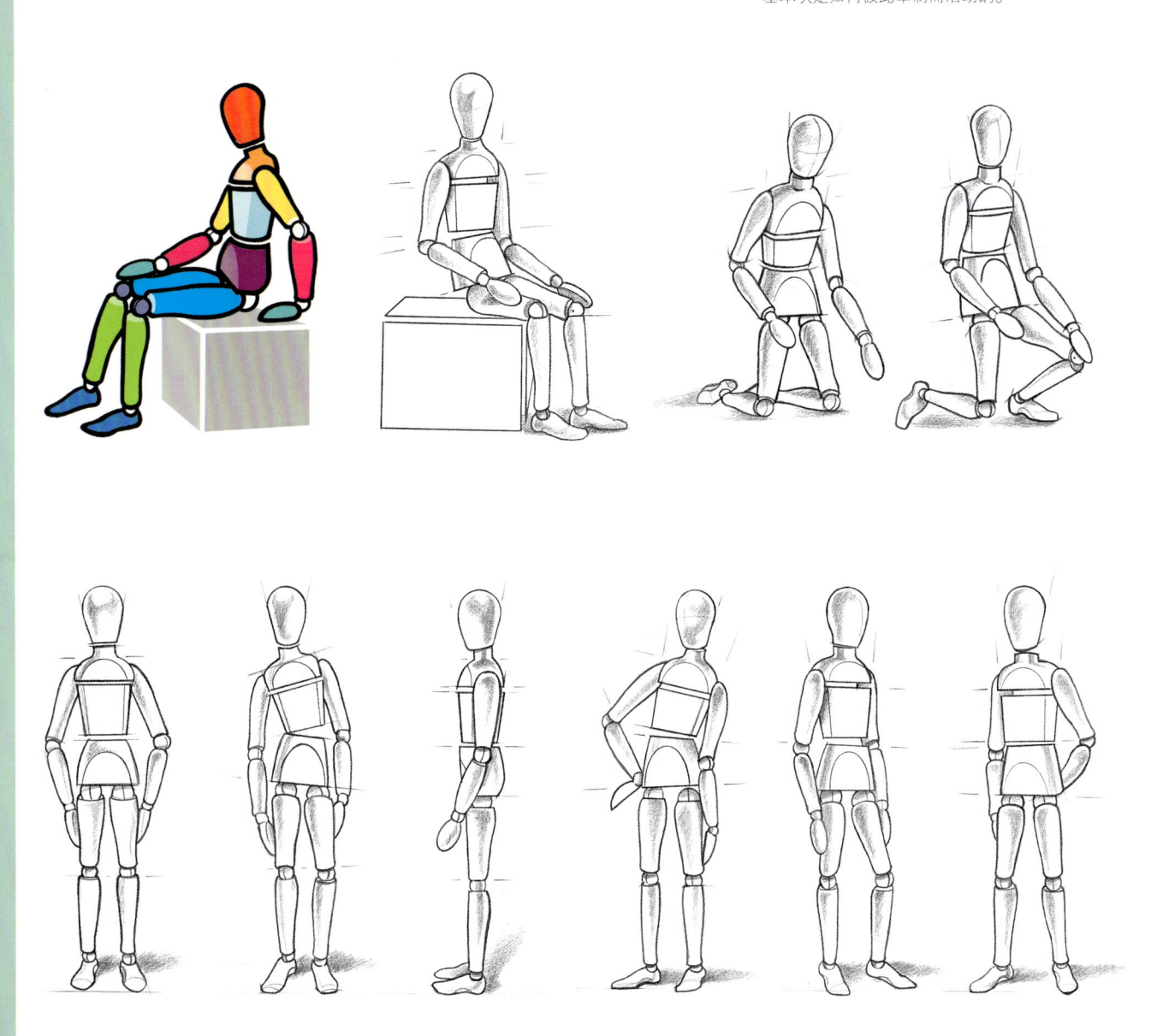

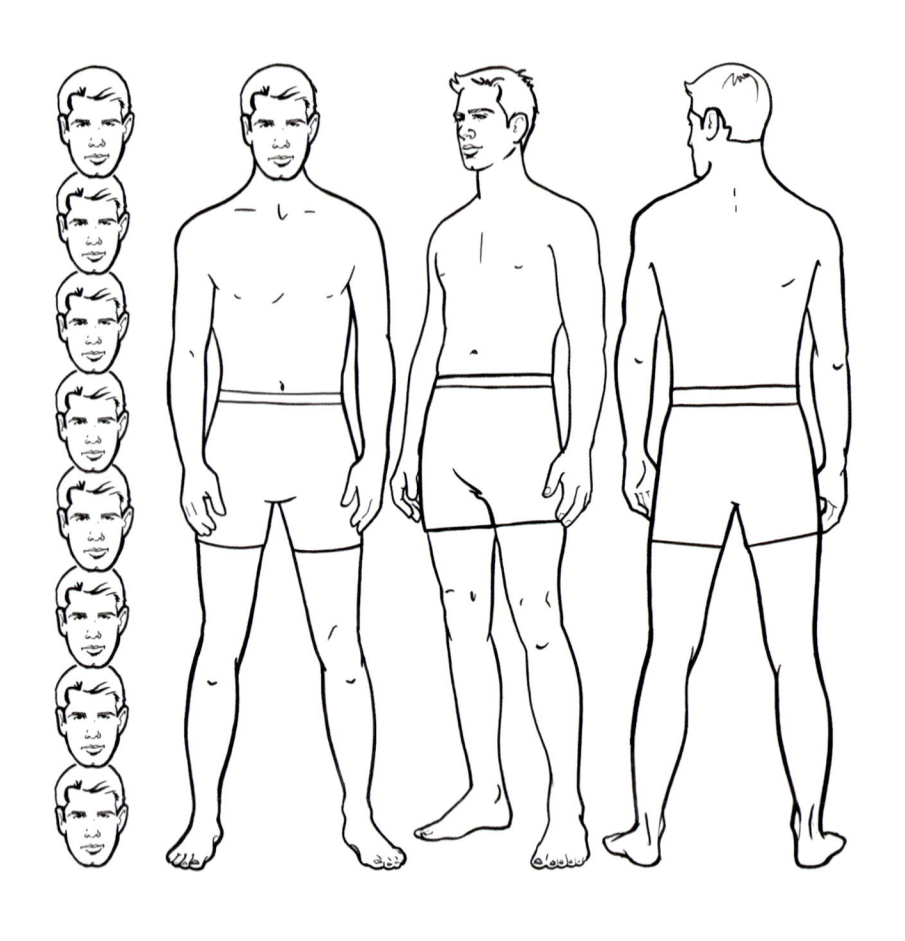

传统计量方法

古希腊人发明了一种计量人体身高的方法。他们用头部长度作为计量单位，计算身长是头长的几倍。在古希腊和文艺复兴时期，该理想倍数是八个头，它构成了完美的人体比例标准。今天这种简便的计量方法仍被加以运用。你可以尝试用卷尺量出你的身长（从头到脚）大概是头长的几倍。

有助于时装画家了解的人体比例细节

绘画人体时，时装画家须牢记一些基本原则，以掌握准确的比例分割。例如，成人的腿长至少是身长的一半。手臂自然下垂时，指尖通常可以到大腿一半的位置。站立时，人的臀部向不承担身体重心的那条腿倾斜。再看脸部比例，通常眼睛在面部的中间位置。瞳孔会被眼睑遮去一部分，所以不需要画出完整的球体。如果记住通常两眼的间距大约为一只眼睛宽度，则眼睛的位置也能很好地估量出来。眼睛和耳朵的位置在一条水平线上，在眉毛与鼻子之间。如果把手放置于面部，通常脸和手是等大的。而你的脚（不包括脚趾），与头部几乎等大。

这几张图展示了如何将人体的身长分割为八个等高的部分，每个部分的长度等于头长。由古希腊人发明的这种计量方式，今天仍被艺术家们加以采用。男性和女性的比例差异较大，通常男性比女性高，女性的肩膀较窄，并且向下倾斜，男性肩膀则宽厚平直。女性身体比例中，臀部比例较宽，男性则较窄，但男性脖子比例较宽。在时装画中，最常见的夸张手法是将女性的腿画得更长，腰则更细；男性的肩膀更宽，手臂肌肉更发达、结实健壮。

时装的艺术夸张

虽然深刻认识人体构造十分重要，但一幅时装画中所反映的并不总是完全符合实际。某些方面适度的夸张将使作品中的人物特征得以突出。下面这张罗伯特·瓦格特（Robert Wagt）的插画极度夸张模特的腿长，拉伸至占满画面的全幅。时装设计师和插画家经常会拉长人物，以突出他的高贵优雅。下一页的分步练习将介绍如何夸张腿长，使人物与画面相协调。除了凭空作画，更可以用生活中的人物、杂志人物等进行绘画练习。

下图

罗伯特·瓦格特运用了他标志性的照片集成式手法，创造了占满画面全幅的超级长腿模特形象。瓦格特的创作特别表现诙谐感。与长腿摆放方向相反的横向飘动的长发很好地平衡了画面。

当代插画家勇于描绘真实、挑战想象。许多插画家运用了各式人物形态和身体比例。时装画不总是优美典雅的，它还应创造一个热爱该服装的角色。路易斯·史密斯（Lewis Smith）所画的下图中的人物具有过长的手臂和短小的双腿，但这些古怪的形象恰好表现了独特的个性。这些人物符合某些时装的理念，比如街头风、运动装，不过可能不适合较正式的设计，例如定制服装。

底图

设计专业毕业生路易斯·史密斯向时装界发起挑战，他创造了这几个个性十足的人物，他们与传统时装模式完全不同。这些短身长臂的人物是手绘后由Photoshop增强完成。

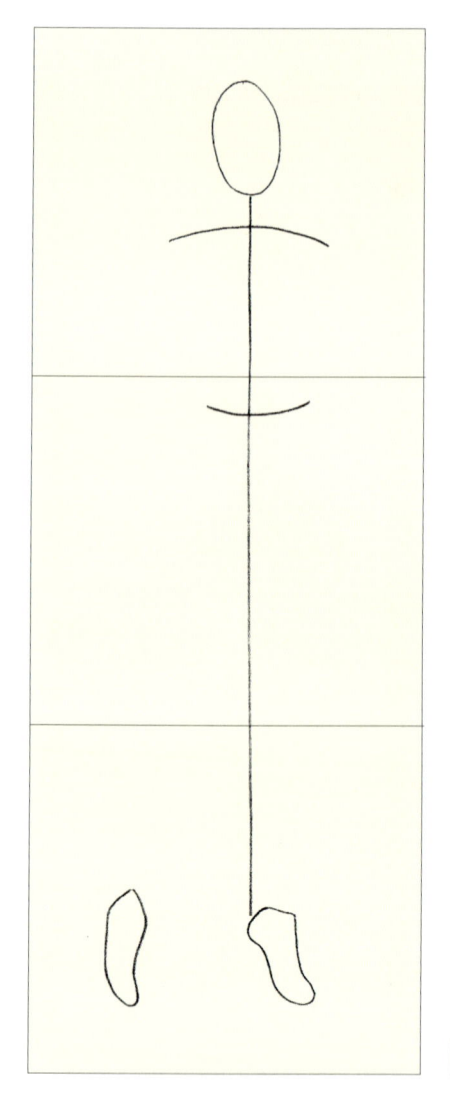

1.把画面分为三个相等的区块。在三分之二线条处轻轻打上腰线草稿，就可以拉长人物的腿。接下来分别标出头、肩和脚的位置，再沿着身高画一条轴心线。以这些简易的标记线，便可确定人物在画面中的位置。作画时容易犯的错误就是最后没地方画脚。作画完成后，这些标记线就可以擦去。

2.画出服装轮廓和任何装饰细节草图，并确定颜色的运用。插画家卡门·加西亚赫塔（Carmen García Huerta，网站：www.cghuerta.com）在进行这个步骤时，把画作扫入电脑，给自己的草图进行数码绘制。

3.加西亚赫塔使用Adobe Photoshop最后完成这幅时装画。她进行上色，并补充服装细节。模特现在成型。发型和经完美勾勒的人物轮廓清晰明确。从留下的标记线可知，这样简单的练习便可以创造出比例完美可信的时装人物像，虽然人物的腿部长度被夸张了。

确定姿势

创作时装画时，为能完美地展示时装，需思考笔下人物的姿势。人物的站立方式可以表达他们的情绪和心情。比如，头歪向一边、手放在身后的人物通常被认为是端庄矜持的，而手置臀上、双脚分开站立的人物则被看做狂放不羁的代表。仔细考虑所要展示的时装类型。比如，这是你的个人时装系列，还是你为商业街服装品牌或拥有大客户的设计师来创作插画？这样可以帮助你决定采用哪种最适合的人物姿势。

左下图

马克斯·格雷戈尔画了几个不同姿态的女性，从中他可以选择合适的一个用于时装画创作。

下图

马克斯·格雷戈尔告诉大家运用杂志收集模特姿势来练习和提高绘画技巧的重要性。这一模特姿势来自某本杂志，通过手绘完成，再经数码增强，可作为模版被重复利用。

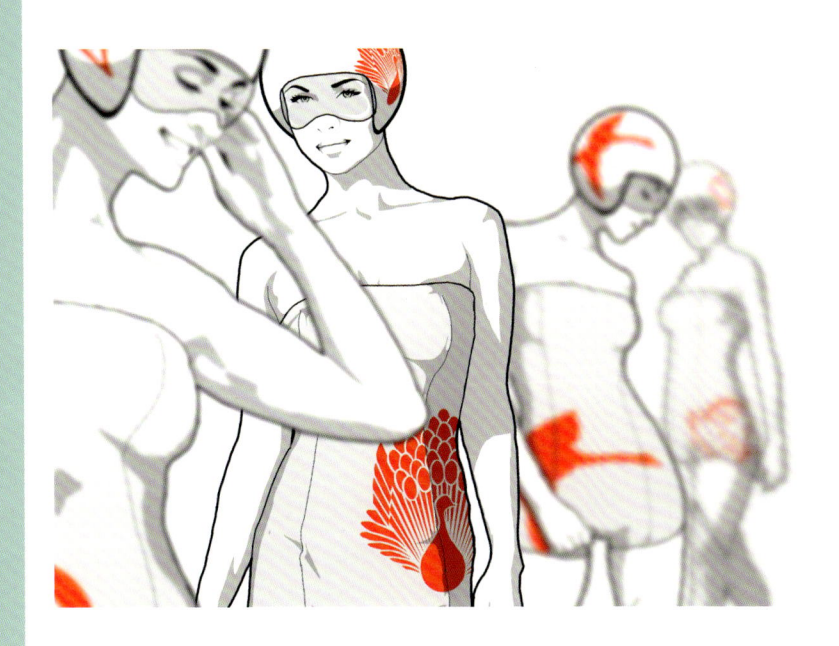

在上图的插画中，马克斯·格雷戈尔（Max Gregor）创作了姿态各异的几个模特，不过只仔细描绘了那个想让观者注意的焦点模特的服装。把其他模特模糊化是聪明之举，这样观者便只会注意到插画家希望他们去看的那个模特。而同一幅插画可以多次使用，只需要每次模糊其他的模特。

格雷戈尔的另一幅插画（见右图）采用了来自杂志的模特经典站姿。模特一条腿直立，另一腿弯曲，头微微向一边倾斜。可从杂志中收集不同的姿势，作为作品的参考。收集包括时装、摄影、运动等杂志的照片——你可能需要为运动服创作运动中的姿势。这便是前面提到的，在生活中用绘画、摄影获得创作灵感。

格雷戈尔创作的黑色连裤袜模特姿势可作为模版制作多幅插画。下一页中将介绍如何制作模版用于服装设计和插画中。

模版

照片临摹

临摹不总是指抄袭。从照片中临摹人物，对时装画创作很有帮助。它针对的是二维的图像，比对三维人物的绘画来得简单。况且，当无法进行模特写生时，很难仅靠记忆便能准确画好人物。大多数人需要启发才能开始创作。可以临摹照片或杂志上的人物轮廓，使自己获得启发，在创作作品时再发挥独立个性。

将照片置于灯箱或光追踪器上，或可放于窗前，清楚观察人物最突出的特点。用几条主线条确定人物形状，再仔细勾勒。用削尖的铅笔能使线条不致糊掉。

下图

临摹照片、杂志中的一个或多个人物，是时装画创作的基础。即使是一张男女全身穿着皮衣共乘一辆摩托车的照片，也可以成为创作起点。

中图

把照片放于灯箱上，画纸覆盖照片，临摹每个人物的主线条。

底图

受这张照片的启发所创作的时装画成品。虽然掌握人体结构必须进行人物写生，但是以二维图片辅助创作人物也是行之有效的方式。

如何使用模版

如果选择人体形状、比例鲜明的杂志照片，那么，你的临摹图可用做时装人物模版。人物模版作为时装设计师的工具，可以有效提高设计速度。它被放置于半透明的图纸下面，设计师在图纸上作画、设计服装。移动模版可进行重复设计。模版只作为辅助工具使用，在上面完成服装设计后，就可移去模版，完成作品。若过分依赖模版，就会剥夺时装设计师的创造力。创作出只符合模版的时装，是容易犯的错误。相应地，插画家必须牢记，模版仅是辅助，而不是艺术创作的途径。反复使用同一模版进行插画创作，容易导致创作生硬呆板。

我们不鼓励学生从时装画书中复制模版应用于自己的作品。通常，看你作品的人会认出这个姿势。运用下面所提的技巧，创造属于自己的人物，远好过复制他人。

模版创作

选择一幅自己的人物绘画或合适的杂志照片，把草图纸覆盖其上，临摹图片。现在只要画出清楚的轮廓即可，保证身体各部分比例正确。临摹面部和发型，但不用画得太细致。除非还需配饰，否则手脚也应画出。

可根据自己的要求选择造型。选择目视前方的人物造型，画出正反身，可为快速准确的设计提供方便。但是，造型模版需不断改变，作品才不会墨守成规。最简便的方法是，创造属于自己的第一个模版后再改变腿与手臂的安放位置来创造更多造型。还应考虑模版人物的站姿。人物站立的方式往往反应了该系列主旨。可研究杂志模特，在制作模版时尝试创造类似的造型和姿势。画出正反身模版人物的中线，标记一些设计细节，如扣眼、口袋、接缝等的正确位置。如果模版过大，可以用手绘、复印或扫描方式按比例缩小模版。当你拥有一系列模版后，可以在一张纸中罗列这些缩小的模版图。

创作个人模版时，不能脱离插画和设计的市场要求。举例来说，如果运用来自街头人物的模版来诠释造价昂贵的晚礼服系列，恐怕并不妥当。你必须收集大量的模版来表达不同的个性和外观。

模版不只是手绘作品的辅助工具，也可以用于电脑创作。可扫描模版作为作品创作基础，使用画图软件增强效果，然后选择颜色和样式。

顶图左
这幅女性人物模版可用于传统画纸创作，也可扫描进电脑备用。

顶图右
该模版被扫描进电脑，添加了服装。面料也是经扫描后粘贴于服装图上的。

上图
林赛·科利森（Lindsey Collison）的作品阵容，应用了相同的模版和作画过程。

下页图
样本的设计过程中，身体被简化至仅保留简洁明确的轮廓图，这样的模版能帮助设计师提高效率。为了从正面、反面及侧面展示服装，设计师创作各种模版。用于服装设计的模版大多要求实事求是，身体比例不应过分夸张。

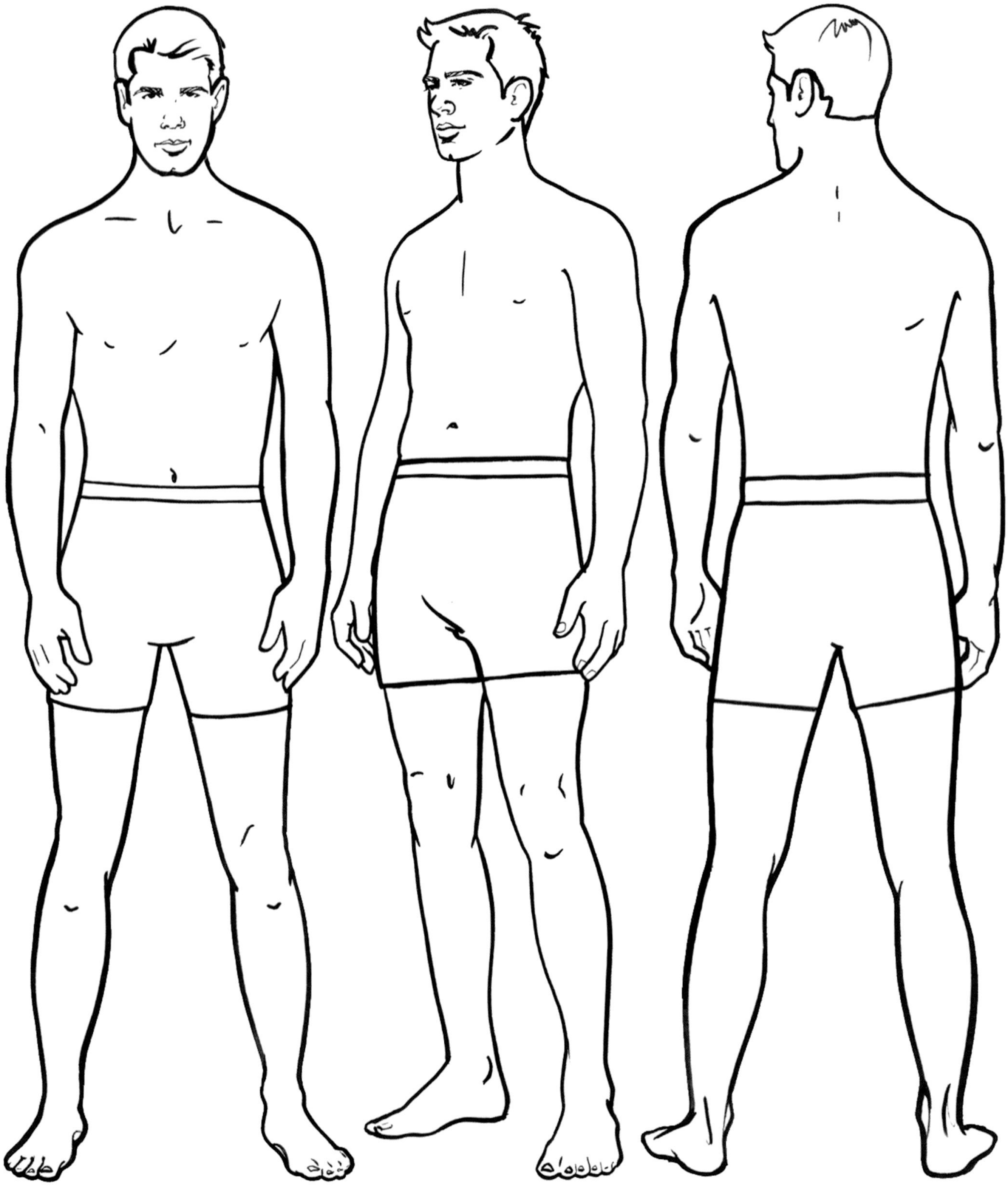

第二章 人物塑造

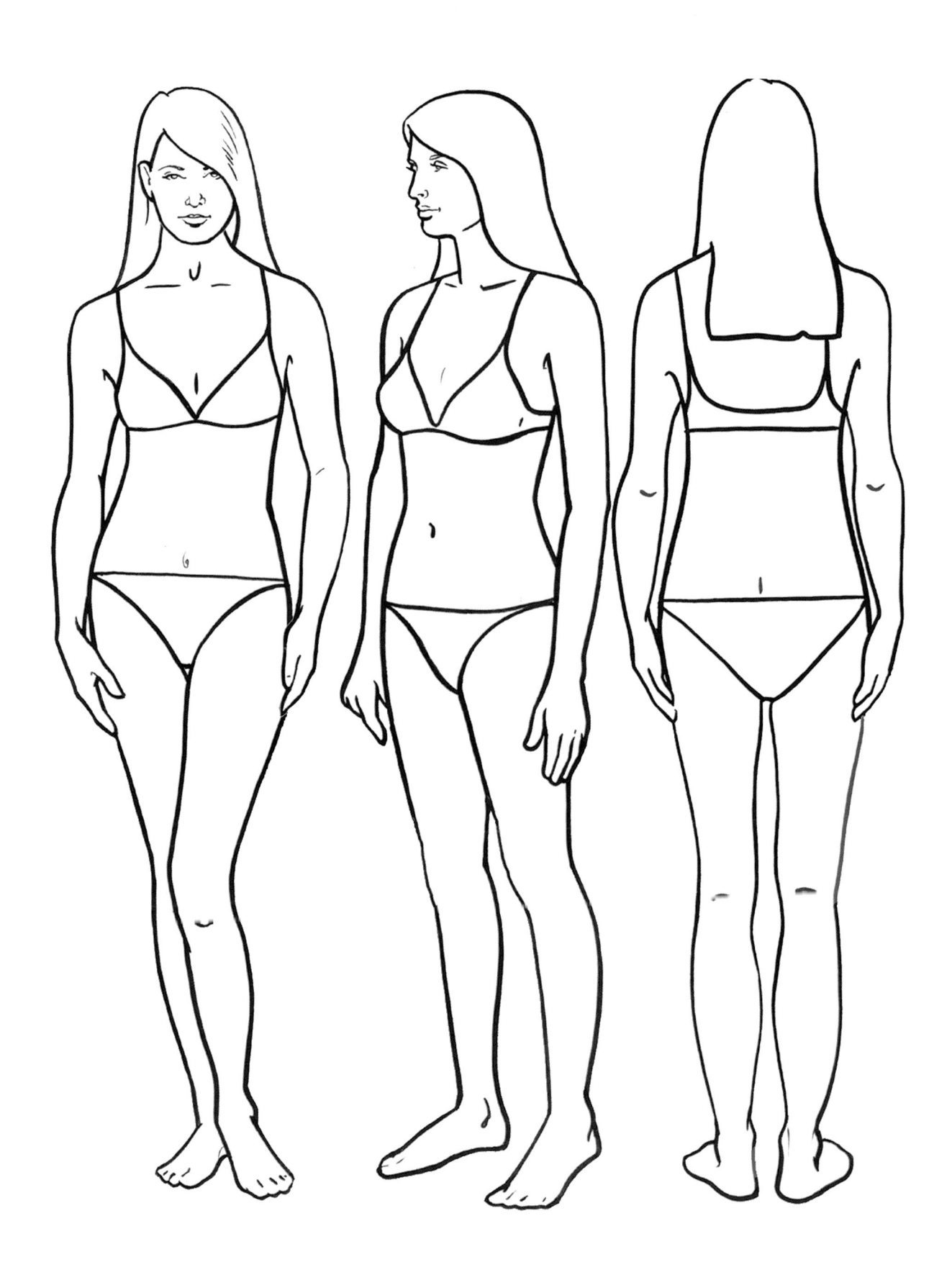

49

难点

面部

在画一幅插画时，你会不会因为担心毁了整幅作品而略去面部的刻画？会不会将手画成插入口袋，这样就不必画出它们？可能还会把人物画出边界，从而避免应付画足部？的确，错误位置上的一笔将破坏原本臻于完美的一张时装画。但是，真正的插画师绝不会逃避这些特写。应一直练习直到你能自信地驾驭它们，你的画作也将从广度和深度获得提升。

对初学者而言，这些现实的难点可能会使其产生畏难情绪，但这是不必要的。用写意方式描绘细部特征就备受推崇，而不一定必须准确地绘画。下面几页中的一些小窍门，结合了写实和写意画法，可创造出合你意的插画。

蒙塔娜·福布斯（Montana Forbes）用遒劲的线条勾勒出面容。一只眼睛从厚重的刘海下透出，其颜色妙用显然经过深思熟虑。

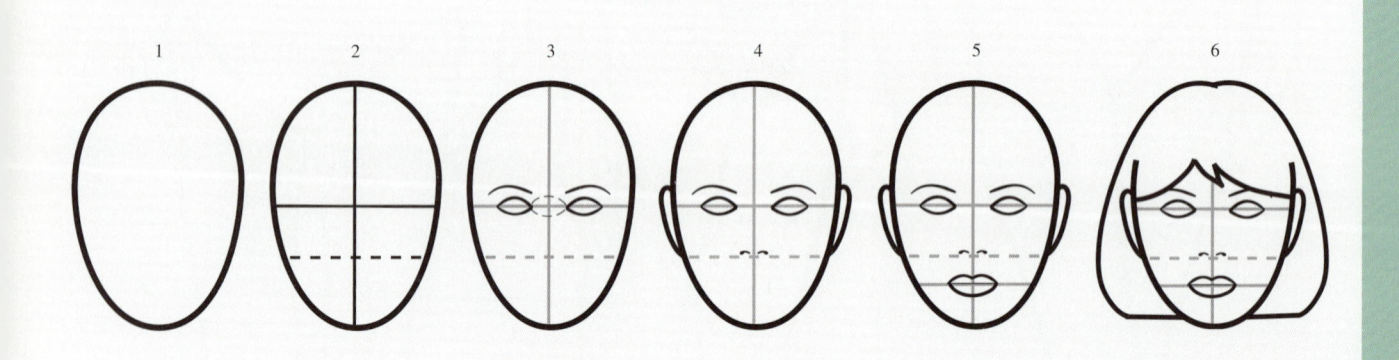

头部和面部画法指导

- 球形、蛋形或正方形都可以构建头部轮廓。
- 头部分为三块：头盖骨、面部骨骼和下颌。
- 画辅助线，确定眼、鼻、嘴位置。
- 辅助线可作为水平线，标记面部的不同朝向。
- 与女性相比，男性眉毛浓粗，嘴巴厚实，下颌偏方。
- 面部作为画作的聚焦点，必须与整体相协调，不能孤立。
- 侧面画不用考虑对称性。
- 面部画不好，将破坏本应无瑕的画作。

1. 首先，画头部轮廓。一般是椭圆或蛋形。
2. 将头部进行上下、左右对半分。将下半部再分成上下两部分。这些辅助线稍后可擦除。
3. 在上水平线处画出眼睛。两眼间留一眼宽。画出眉毛。
4. 鼻端位于下半部的水平线上。画耳朵，耳朵长度通常是从眉毛到鼻端。
5. 再平分下半部，在这条下水平线处画嘴巴。上唇在下水平线上方，下唇则在下方。
6. 最后画头发。在时装画中，最好只画头发的整体形状，不用分缕刻画。

第二章 人物塑造

左上图

埃德·加诺希亚（Ed Carosia）运用颜料绘画和数码处理，表现男性傲气的表情。厚框眼镜是该画的焦点，但其实整幅画色彩并不多，是背景与肤色的同色突出了这张画。

右上图

准备画头部和面部的时候很难不考虑头骨。此处汤姆·巴格肖创作了写实但精心装点的人头骨。

左图

文森·巴库姆（Vincent Bakkum）擅长绘画面部。这里他展示了画笔作画的美感。人物的头颅、脖颈、肩膀都细细画出，重点展现皮肤、骨骼和发色之美。

面部

面部画法指导

- 要有把握，否则就不画。
- 人们通常会夸大五官。实际上，一只手就可以盖住脸。
- 耳朵和眼睛在同一条线上，位于眉毛和鼻子中间。
- 眼睛在头部长度的一半处——常见到人们错误地把它们往上画。
- 通常两眼之间为一个眼睛宽度。
- 眼睛的虹膜往往会被上眼睑遮去部分，且眼球处有阴影。
- 上睫毛在眼睛外侧逐渐浓密，下睫毛则逐渐稀疏。
- 上唇凹陷，随着牙齿弯成弧线。
- 下唇通常比上唇厚。
- 嘴唇随着面部的弧度水平延展，不应画为一条直线。
- 不必画出每颗牙的界限，画出牙间阴影即可。
- 鼻子从额处开始，在鼻骨尾端凹陷，下面连着软骨。
- 鼻子由侧面、顶端和底端平面构成，底端呈球形，两边形成鼻翼，鼻孔张开。

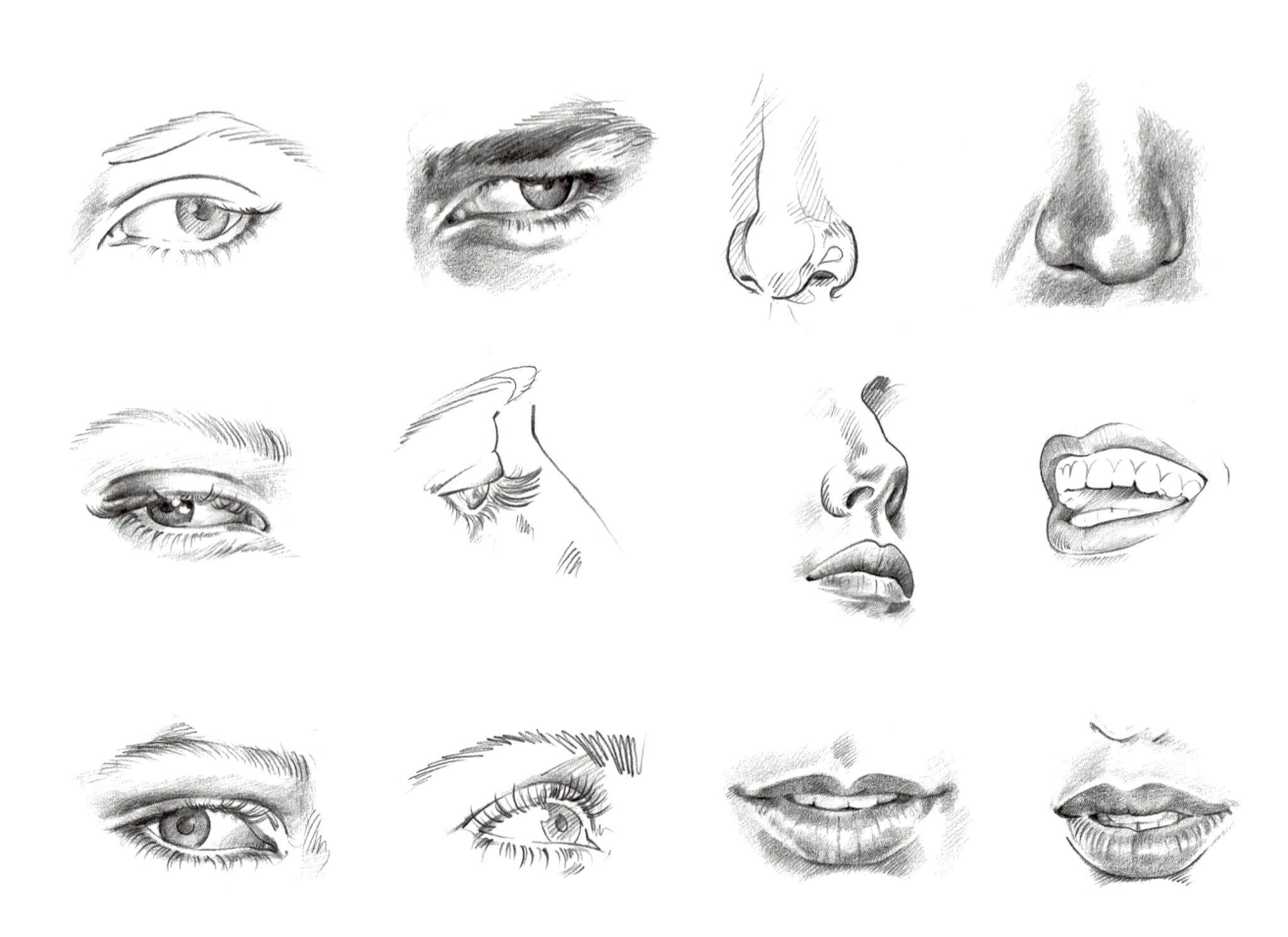

第二章 人物塑造

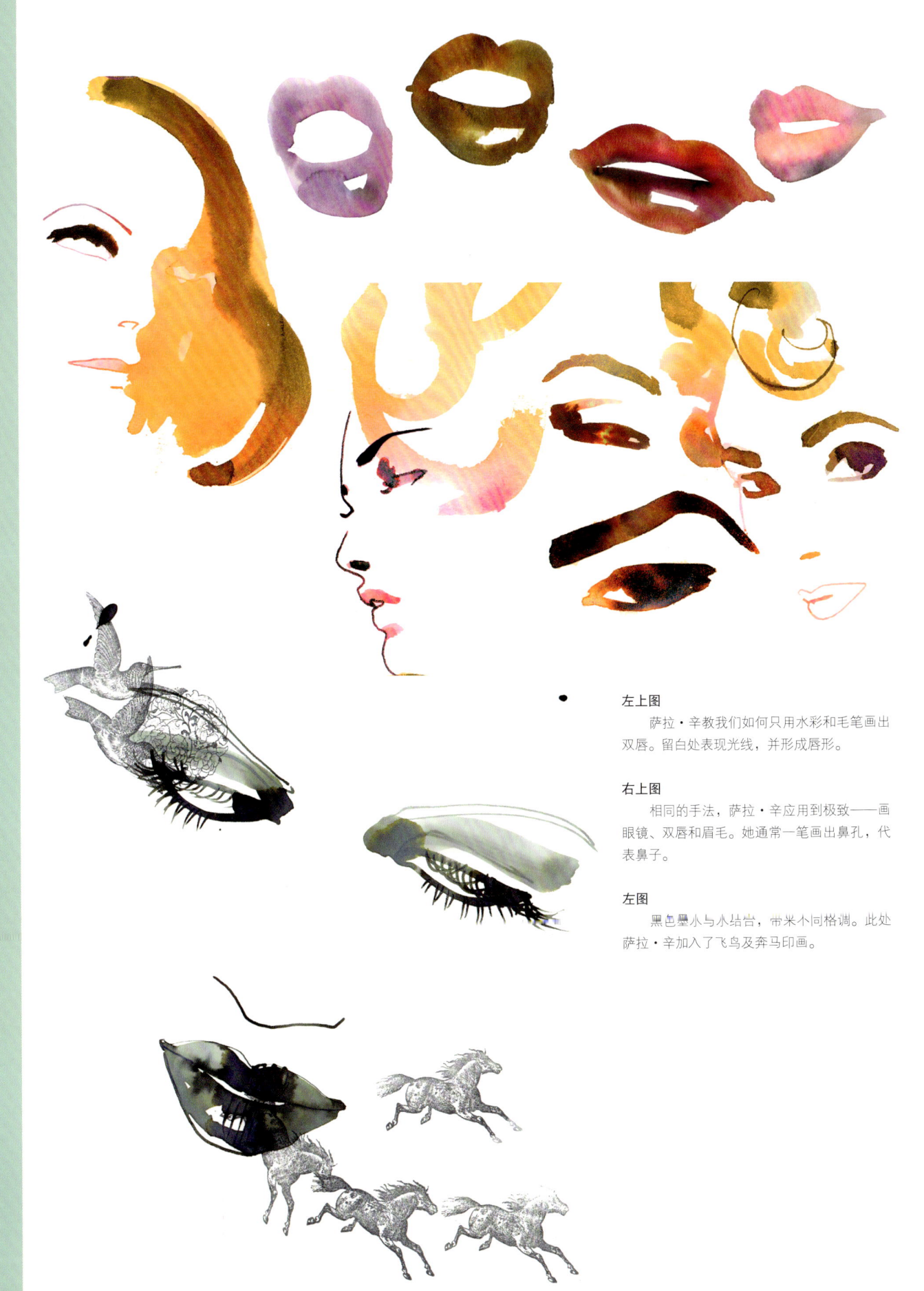

左上图
　　萨拉·辛教我们如何只用水彩和毛笔画出双唇。留白处表现光线，并形成唇形。

右上图
　　相同的手法，萨拉·辛应用到极致——画眼镜、双唇和眉毛。她通常一笔画出鼻孔，代表鼻子。

左图
　　黑色墨水与水结合，带来不同格调。此处萨拉·辛加入了飞鸟及奔马印画。

53

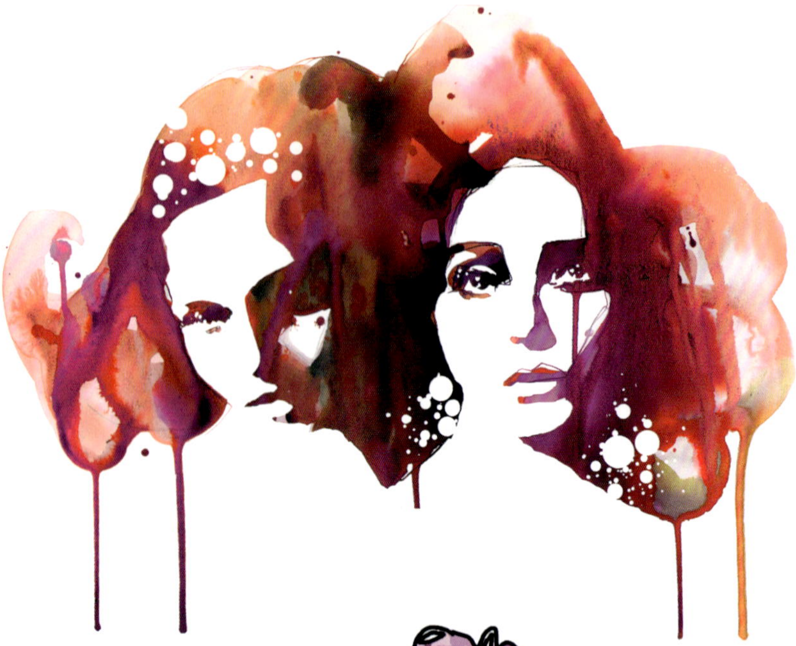

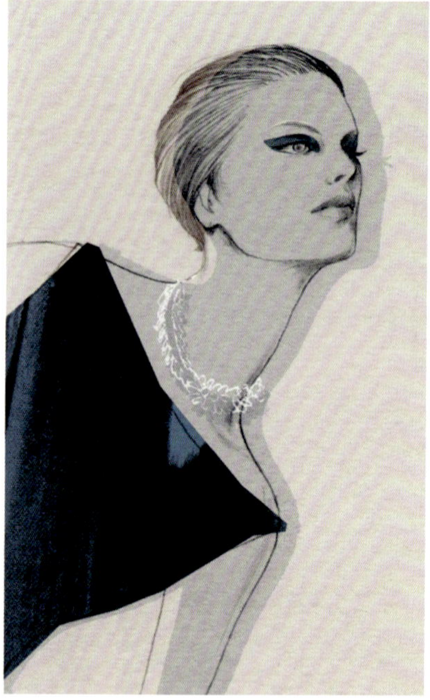

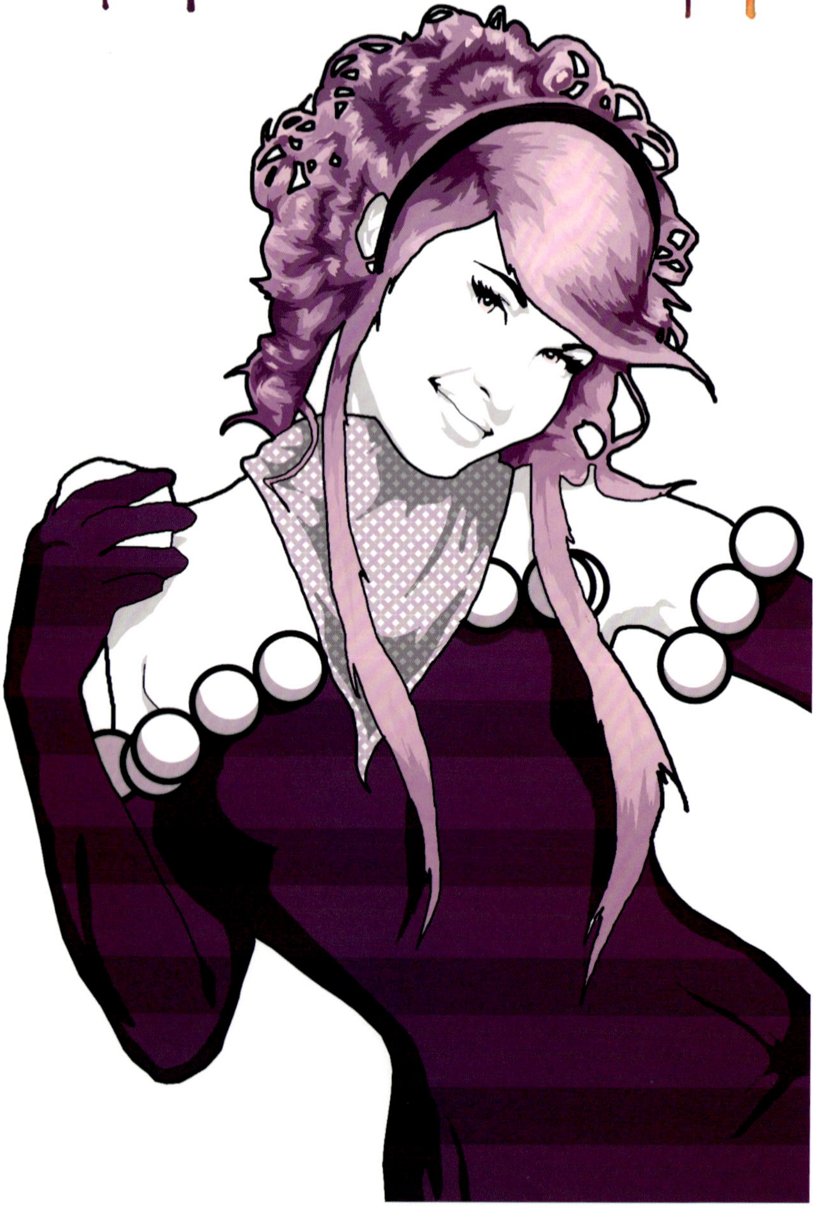

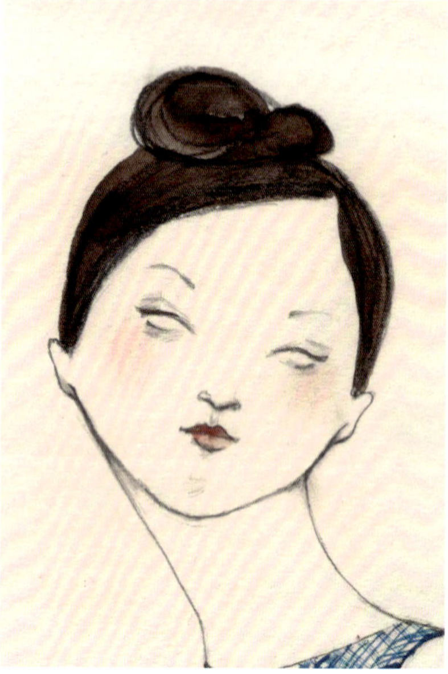

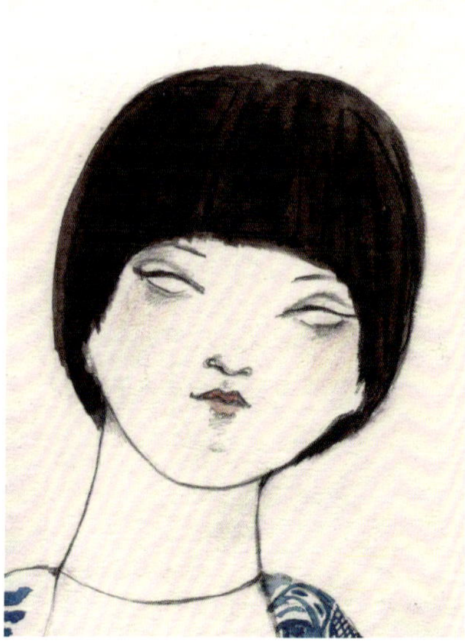

头发

头发画法指导

- 头发的线条应从头皮处开始，沿着设计好的发型起伏。
- 头发线条不要太一致，或画得像顶帽子。
- 无需根根分明，表现出发束轮廓即可。
- 女性的发际线通常高于男性，前额饱满。
- 女性头发多用圆润的长线条表现，男性头发则用短笔画表现。
- 头发需勾勒出明暗阴影，画出高光，而不是不加区别地整片对待。
- 发型多样：束发、利落式、蓬松式、时尚式、短卷发、波浪发、长发、卷发、层次不齐式、短发、尖长发、平头、直发、辫发等。

上页左顶图

水彩画是斯蒂娜·帕森（Stina Persson）经常采用的表现手法。她丰富运用色彩创造出各种女性的发型，并以画面的留白作为肌肤色调的表现。

上页右顶图

塞西莉亚·卡斯特德手绘了这张短发女子形象，插画其他部分以数码拼贴而成。

上页左底图

马克斯·格雷戈尔以电脑创作出这张乖张的紫色调插画。女孩的头发阴影处变化丰富，卷发与直发共同构成这个发型。

上页右底图

这两个女孩形象来自埃德温娜·怀特（Edwina White）的水彩铅笔画。可爱的发型恰好勾勒出她们的脸庞。

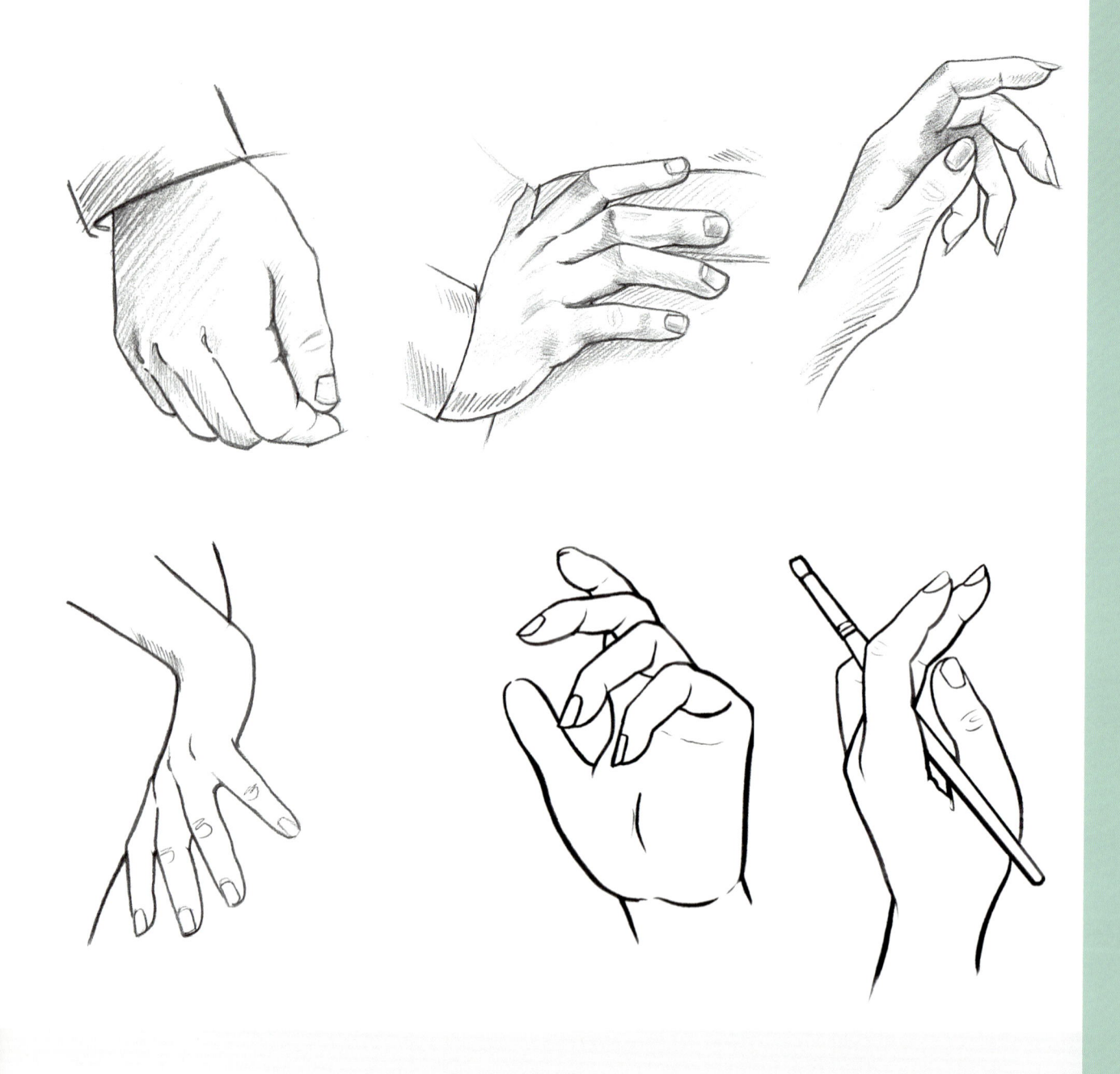

手

手部画法指导

- 手背应表现出骨骼细节。
- 人们容易误将手部画得太小。
- 手掌撑开时可以覆盖一张脸——手与脸从发际线到下巴的长度基本一致。
- 手掌呈凹陷型,手背则凸出。
- 进行时装画创作时可简化手部的绘画——不需要仔细表现每个指关节和指甲的细节。

第二章 人物塑造

萨拉·辛在画手时并不注重细节,她用简单的线条勾勒出手的形状,不详细描绘关节和纹路。

足部和鞋

足部和鞋画法指导

- 人体重量主要由脚后跟及外脚边支撑。
- 不包括脚趾，脚的大小与头部长度一致。
- 大脚趾约为脚长的四分之一。
- 靴子和鞋需与人体其他部分比例相符——过小的脚会让人体看起来头重脚轻。
- 画带后跟的鞋子时，一定记得后跟和脚掌需在同一平面上。
- 时装画中足部通常较长较细——脚后跟高些，脚会显得长些。
- 鞋跟越高，足弓处形成的角度越大。

下页左顶图、右顶图

这两张插画演示了如何从不同角度表现鞋子。通过数码作画，鞋的颜色及样式与背景结合起来，组成独具魅力的演示效果。

下页左底图

斯蒂娜·帕森独特的表达方式在这张鞋子的插画中表现得淋漓尽致，水质颜料沿着画面滴下，表现出鞋子的美丽。

下页右底图

清水裕子这张裸足的插画清楚地画出了足部的纹路和趾甲。

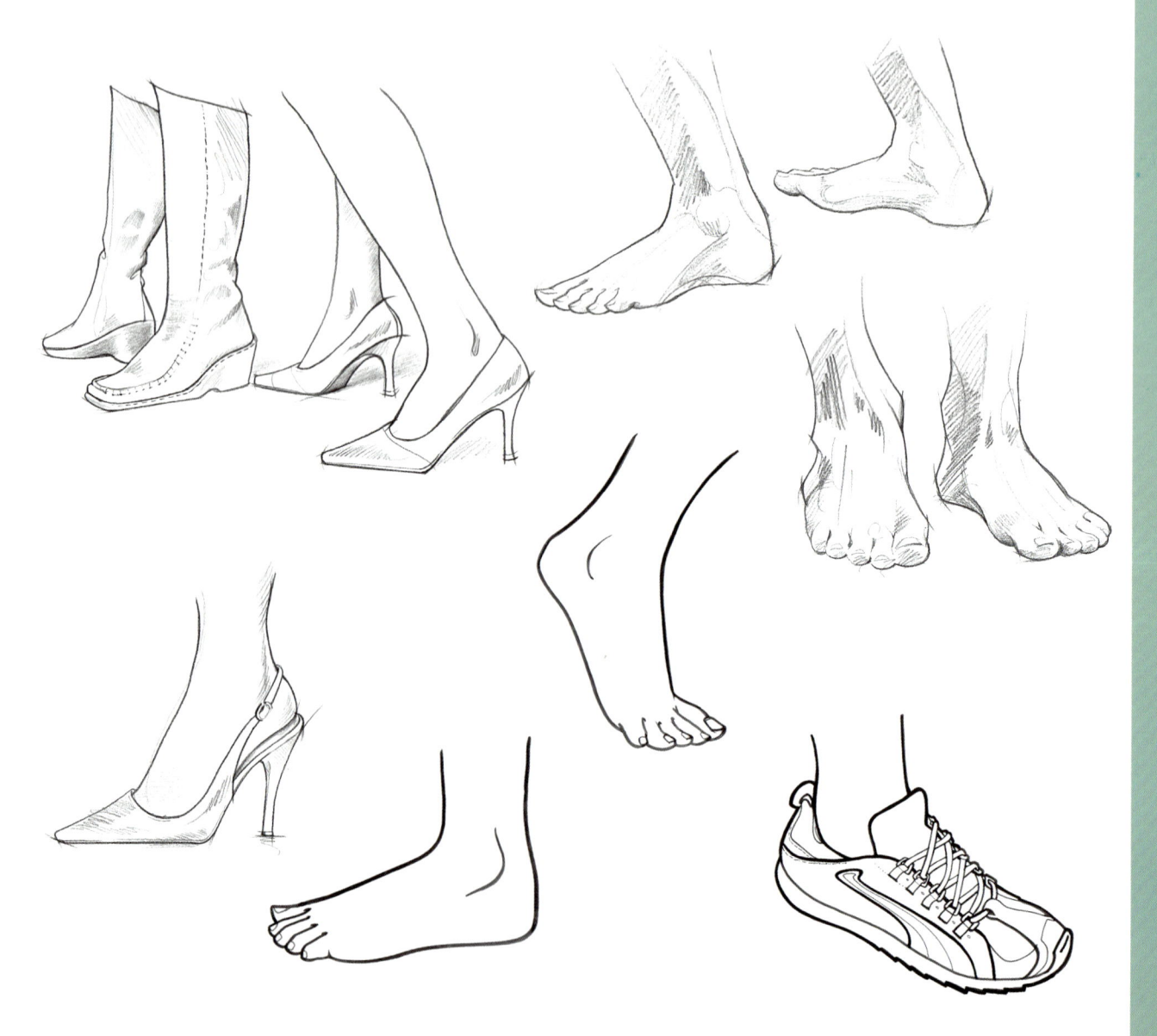

第二章 人物塑造

Sandales avec Plumes

59

轮廓剪影

你是否听过"少即是多"这句话？在有些情况下，时装画的创作其实大可省略人物细节！下面这个来自:puntoos工作室的插画例子便展示了人物剪影的运用。也就是说，在浅色背景上，只需用黑色人物剪影即可。插画家们通常用这个技法将观者的所有注意力吸引到衣服上。在此，:puntoos努力使这张时装画更具特色，不仅在展示的衣服上添加制表图案，还模仿儿童玩偶的装扮方式呈现服装。这种值得玩味的表现形式正是插画演绎的有利工具——让人会心一笑比什么都好！

在这里，:puntoos创造了一种"给自己的玩偶着装"的插画风格。人物用剪影方式表现，每件服装单品都得到详细表现，让观者首先注意到服装。

第三章 美术技巧

当你找到灵感、研究主题、收集素材并练习人物绘画后，就会热衷于试用不同的美术材料。在本章，读者将了解如何运用合适的美术材料实现所需的艺术效果、如实表现面料材质以及如何进行色彩搭配。即使是专业艺术家在进行插画时，对这些方面也难以信手拈来。为了给读者提供有用的参考信息，本章将分几个部分进行深入浅出的探讨。

美术材料和工具

今天，插画家及艺术家可运用的美术材料和工具种类繁多，有些时候甚至令人难以取舍。在美术供应商店寻找合适的材料，好比在琳琅满目的糖果店那样令人感到目不暇接。对于善于发现的人们来说，每个事物都具有吸引力，反而难以进行正确选择。

选择工具时，应该根据个人创作方式和个性进行选择。所选的材料应能够自如地用于作画。在选择工具时需考虑个性不同。如果你是个细心谨慎的完美主义者，运用铅笔、钢笔这类精细的美术材料最能让你放心。如果你的创作方式更加快速主动，则油性蜡笔、炭笔或油彩更能让你展现自我。经常试用新材料将帮助创新作品。新的墨水、笔尖、彩色铅笔及丙烯颜料等都亟待开发，但是，对初学者而言，它们也令人无所适从。下面将讲述如何运用美术材料和工具进行时装画创作，帮助你自如地进行选择。

缝纫机对于许多时装画者也是一件有用的工具。如果可能，你的缝纫机还需包含大量刺绣针法。现在有很多电脑软件程序可以将缝纫机接上个人电脑，方便你将屏幕上的设计转化为成品。

复印机则可以帮助你快速放大或缩小图片，或制作重复的图像用于拼贴。你无需昂贵代价便可复制图片，进行创作和实践，获取新的技巧和样式，不用担心这样的尝试是否完美。

为方便裁剪衬纸板或衬纸片，可使用钢尺辅助，它既可测量又可裁切。相比木质或塑料尺，钢尺更便于使用，它的边缘不易被切口而造成不规整。使用裁切垫，可在使用尖利的刀片切割时提供平整的表面。在直刀刃顶处形成尖角的刀片较为实用。

灯箱对于插画师来说也是一项便利的工具。它只是一个很简单的置于纸下的发光屏，你可以把白纸覆于照片或杂志剪画上，临摹人物或其他图像。灯箱相当昂贵，你使用窗户也可以达到同样的效果。不过，如果你可以承担得起灯箱的花费，它将助你一生。它可以使你清晰地观察照片或幻灯片的细节。

喷胶也是插画师很重要的一项工具。在通风良好的室内，将

下页图

美术材料和工具的选择有助于时装画创作。

它均匀涂抹在作品表面。对于希望留空的地方加以注意，因为喷胶较难以处理。在制作展板、拼贴或插画时，喷胶都可以胜任所需效果。

　　作画时的护条是将纸张固定于绘图板上的基础材料，作画完成后，它可以方便地从绘图板和纸张上除去。

　　上述的工具都是传统作画的基本材料。不过，当代许多插画师已用电脑取代了手绘，数码创作成为时装画创作中越来越主流的趋势。为顺应这个潮流，你需要一台电脑（台式机或笔记本皆可），可能还需要扫描仪和数码相机。可供选用的作画软件程序比比皆是，用以帮助作画和修改图像，其中最著名的便是 Adobe Photoshop 和 Adobe Illustrator。第四章中将对这些程序的使用进行辅导。

纸张

开始时装画创作时，首先必须考虑的就是纸张的选用。可供选择的纸张类型多样，有各种不同颜色和厚度。对各种纸张都可选择，或使之成为拼贴画创作的一种材料。

绘图厚纸是常见的基本用纸之一，适用于素描或干式作画，但通常不适用于颜料或油脂厚重的画法。因为它是木浆制成的，湿气容易使它变软、变形。

草图纸是一种精细的半透明纸，透过它可以大致看到覆盖在下面的图像。它适用于画草图、标记式作画或试色。这种纸通常都是防渗的，所以颜料不会散开。草图纸具有透明性，你可以在上面临摹。

与绘图厚纸不同，粉画纸带有纹理。软质的美术用品，例如蜡笔、炭笔，容易在上面着色。艺术家可将这种效果应用于插画。

水彩画纸有多种克重和质地供选择。它可吸水，因此适用于多种湿材料，例如墨、颜料或水溶性蜡笔。

薄棉纸、卡纸、彩色衬纸、包装纸、壁纸、糖果纸等包装材料都可应用于时装画创作。可以发挥个人的想象力，把这些材料与你的创作相融合。

纸作为大多数时装画的绘制基础，同样也是创作时装画的素材，例如拼贴画和纸雕都是插画家所选择的创作技法。

"作为一名纸雕艺术家，通常我需要两周时间完成作品的裁剪、摆放和粘贴。"

——西中杰夫

下页图

彼得·克拉克选择了废旧纸张，是看中了它的可利用性，也出于对其色彩和质感的偏爱。"在我的作品中，我尝试以突破性的诙谐方式，创作俏皮和特别的服装。"

下图

西中杰夫（Jeff Nishinaka）是一名优秀的纸雕艺术家。在这两张图中，他分别为打扮入时的洋娃娃和布满高档配饰的卧室布置了相应背景。

第三章 美术技巧

"我会运用一系列现成的纸张材料布置我的拼贴画的色调，使作品颜色丰富、形式独特，并带有纸张经印制、书写或表面磨损的纹路。运用这些材料，我'画出'了我的拼贴画。"

——彼得·克拉克

绘画

铅笔

绘画工具和标记材料类型繁多。不过，每个艺术家，甚至是用颜料作画的画家或是雕刻家和版画家，都应该熟练掌握铅笔画，它将令人受益。在进行构图或记录图像资料时，铅笔画方便快捷、富有表现力，有助于之后使用其他材料的创作。大多数艺术作品都是以铅笔创作初稿的。

不论是传统木质石墨芯铅笔或自动铅笔，都可被采用。自动铅笔的优点是能保持尖头。选择细度不同的笔芯，从0.3~0.9mm分别挑选。笔芯是石墨制的，根据硬度不同，分为从硬（H）到软（B，即黑度）等几个级别。

软芯铅笔是进行快速写生并表现线条和阴影明暗的理想工具，尤其用在有纹理的纸上。但使用时需小心避免污浊。硬芯铅笔适合胸有成竹、画法简洁精准的画家。石墨芯由压缩接合的石墨制成，笔芯划过纸面，能创造醒目且富有表现力的画作。通过改变笔尖，如变为尖头、斜面或扁边等，可获得不同的作画效果。水溶性的铅笔可以创造明亮动人的浅墨素描图。石墨芯最常用于人体素描或着装人物画，因为它可以使人流畅地作画。

彩色铅笔由粉状颜料、黏土和填料混合，包裹以蜡，最后用木质表层包覆制成。彩色铅笔可像石墨铅笔一样用于涂画阴影，不过是以颜色区分。通过锥形擦笔（一种卷得很紧的、带倾斜度的纸卷）、橡皮或直接用手指将区隔的阴影小心地混合。进行铅笔画时，色块的填色可通过画影线（密排的短平行线）或交叉影线（间隙极小的交叉线，形成色调浓度）完成。

水溶性美术材料

水溶性铅笔既有彩色铅笔的优点，又拥有水溶特性。就是说你只需使用干性的材料涂画，再通过蘸水将画迹颜料晕散开，你可以创造出类似水彩画的效果。水溶性铅笔和蜡笔的好处是便于携带，可快速记录下街头或T台上的人物。如果需要，可在返回家或工作室后，再用颜料绘画进一步完成作品。

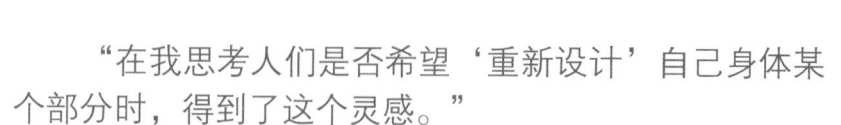

"在我思考人们是否希望'重新设计'自己身体某个部分时，得到了这个灵感。"

——西尔亚·戈茨(Silja Goestz)

第三章 美术技巧

钢笔

　　这一类别包括所有形式的马克笔，包括毡头笔和纤维质笔尖笔。优质的马克笔价格不菲，但物有所值，不会造成污渍。一般马克笔都有一系列颜色包装供应，也可单支售卖。最好选择含不同笔尖粗细的产品，由粗、中等粗到细。粗笔尖方便对色块进行均匀填色。肉色马克笔在时装画中尤其重要，它能提供真实的肤色。不过，虽然用马克笔可以快速方便地进行填色，但需要插画师对颜色的应用有绝对的信心。

　　圆珠笔通常不被视为美术材料，但它也有可用之处。运用单一线条和颜色，圆珠笔可以创作出与众不同的效果。圆珠笔非常便于携带，可以信手涂画、不受拘束。

　　细线签字笔适用于强调小细节，例如时装画中精细的绣花或针织纹理。非永久性签字笔还可蘸水冲淡，形成柔和的线条。

> "我试验着运用各种手法，并将其组合，发现不同的可能。"
> ——蒂娜·伯宁

上页顶图

　　"我作画很快，所以很少用油性颜料。我用茶、铅笔、金属丝、墨水——切廉价的触手可及的事物。"插画家埃德温娜·怀特这样说。当被问及她不可或缺的插画工具是什么时，埃德温娜回答："一只削尖的铅笔。"

上页底图

　　西尔亚·戈茨运用铅笔和钢笔完成这张插画，画中模特正在修正自己。

上图

　　埃德·卡诺希亚（Ed Carosia）采用彩色铅笔创作了这张巧妙的、富有寓意的随笔画。颜色运用恰到好处，画面巧妙。铅笔易于携带，你也可以用它像卡诺希亚一样作画！

左图

　　这张素描画只用黑红两色圆珠笔完成。虽然圆珠笔通常不被视为美术材料，但它随手可得。蒂娜·伯宁这样描述她的创作方法：水彩、墨水、圆珠笔，再加上"用Photoshop恰如其分地修一下图"。

墨水和水彩

　　防水型黑墨汁是大多数插画家们的首选材料，因为可以用来画墨水素描。采用蘸水钢笔、笔刷或竹笔即可创作黑白插画。改变你的绘画工具，可以实现不同效果。

　　不防水的墨汁会渗进纸张，干后，其光泽退却。稀释墨汁，可以得到各种不同的浅色效果。你可以尝试将不防水型墨汁滴到浸水的纸面上。墨汁在水里稀散开，在纸面上形成漂亮的花样和质感。由于墨汁的扩散，画出的线条会是模糊的，而不是清晰的。

　　水彩颜料被装入软管或盘里销售。软管型号各异，更易使用，你可以多选几种型号，以备调色时需不同的用量。盘装颜料为小片固体，可以装进便携盒中。盒盖通常被用作调色盘。

"在我得到最好的方法前，我会一直画同一个主题的画，每幅画只花费几分钟完成。扫描和后期创作才更花心思。"

——萨拉·辛

萨拉·辛创作的水彩插画。图中饰品是经Photoshop添加上去的。萨拉的插画创作结合了传统与数码手法。

第三章 美术技巧

"我的创作手法非常简单和原始。我的工具真地只是一些随意取得的画笔和我的手指。完成一幅插画有时需花费个把星期，有时只有一天，甚至几秒。"
——艾米莉·赫格特（Amelie Hegardt）

上图
塞西莉亚·卡斯特德采用石墨铅笔完成图画素描，然后用墨水和水彩营造画面氛围，创造了该时装画的风格。她是深幅度地使用多媒介及跨手法运用的高手，其作品多种多样。

左图
艾米莉·赫格特在纸上运用了蜡笔、墨水和石墨笔。她说，完成一幅插画有时需花费个把星期，有时只有一天，甚至几秒。

在对铅笔时装画上色时，水彩颜料是绝佳的选择。同样，为钢笔画进行颜料上色以及为写生画进行颜色细节添加时，水彩颜料也都非常适用。可利用水彩颜色的特性，涂上薄薄一层，然后让它随着时装画人物滴下，形成动感效果。

"老派的绘画方式,却以今日的快速手法完成。不是因为时间仓促,只是因为我喜欢这么干。"

——文森·巴库姆(Vincent Bakkum)

文森·巴库姆形容自己的插画是"用颜料画素描"。它是用丙烯颜料在油画布上创作的,150cm×150cm,画面很大,他可在上面尽情刷画。"我就像个油漆工!有力地动笔让我感觉自己是个艺术家。"他说。

左图

"我用Photoshop软件添加了黄色的背景，采用的是丙烯颜料和硬纸板刮刀创作的效果，并且添加了女子的妆容和外衣里面的紫色上衣。"在第四章中，蒂娜·伯宁将介绍她在时装画中的颜料应用。

下图

这幅插画中，蒂娜·伯宁用Photoshop软件里的"画笔"画出这名女性。她穿着的绣花上衣是用Wacom绘图板逐点画出的。一开始，在Photoshop里完成的是深棕色头发，但是作者删除了这个部分，用"笔刷"绘制完成她的发型。背景则是用紫色丙烯颜料在纸上手绘完成的。

"为了增加手绘元素，我在整个图案中加入了颜料绘画的内容，你可以从她的皮肤看出来。"

——蒂娜·伯宁

颜料绘画

许多插画家会偏爱某一种颜料绘画，但有时候，选择哪种颜料最适合自己的作品风格却是件难事。下面将一一介绍不同颜料的质地差别，帮助读者作出选择。

丙烯颜料应用方法多样，可从管中挤出即用，或经稀释使用。可运用画笔或刮刀——后者可以创造浓重的纹理效果。为了创造浓烈的色彩，丙烯颜料干后可形成坚硬、可塑的防水表层。可尝试使用丙烯颜料在面料上画时装人物画。颜料干后，再使用缝纫机加以装饰性缝线。

油画颜料是一种传统的专业作画材料。它的油质稠度来自高浓度颜料和高质油的混合。虽然现代时装画已经很少使用油画颜料，但它其实并不那么难以掌握。油画的优点是，可以用它在帆布上进行创作，塑造出你想要在时装画中表现的质地，通过运用刮刀，油画甚至可以创造出三维立体效果。

水粉画颜料是水彩颜料的一类。它混合了石灰以实现无光效果。它适用于涂绘平整浓厚的色彩，且颜料干后不出现条痕。因为色彩浓烈扎实、富于表现力，水粉颜料在插画中被广泛应用。假如你所创作的是海报插画，并想把它们变得强烈且吸引眼球，为了与众不同，水粉颜料可不经稀释直接涂绘。

喷漆效果独树一帜，因此可带来更多的乐趣。可以多购买廉价但颜色多样的喷漆用于艺术创作。它适用于镂空模版涂绘以及为时装画进行最后修整。

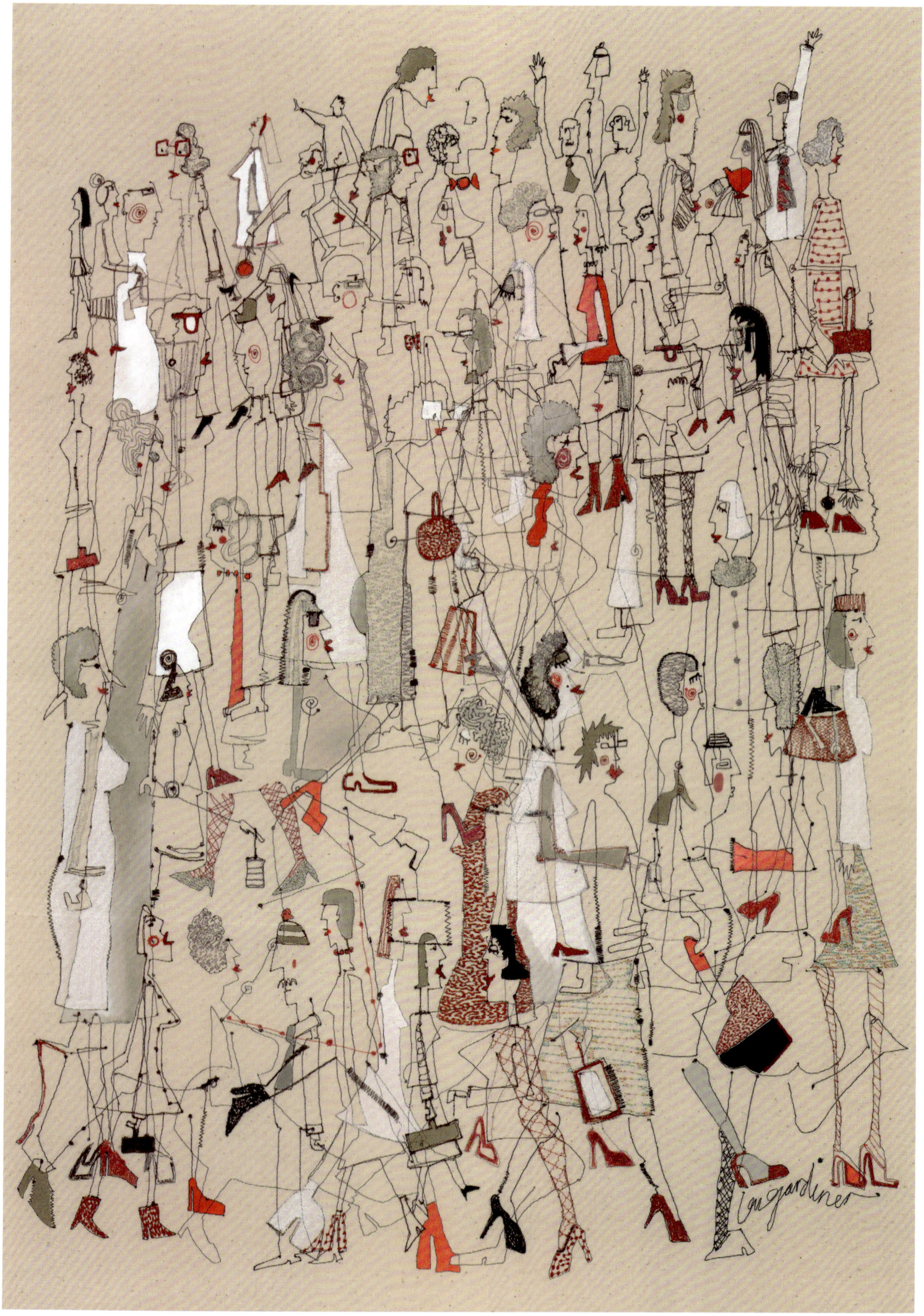
lou gardiner

第三章 美术技巧

"我最大的成就,便是对长久以来'家居妇女'所使用的材料和技术进行新的时尚解读。"

——葆拉·萨卡巴列罗(Paula Sanz Caballero)

绣花和面料

手绣用线选择范围广泛。多股棉线最常使用,可剥离各股来获得所需要的细纱线。也可选用丝线、毛线、麻线、化纤和金属线等,实现从光滑缝迹到无光织纹等不同的手绣效果。

机绣用线是绕在线轴上的,其颜色、粗细及精整效果范围同样广泛。一般为黏胶纤维或棉线,有各种纯色线、花色线、无光线、极光线和金银线等选择。

绣花是以绣针为材料在织物上"作画"。可运用不同绣花线迹创造各种花样,在时装画创作中展现独特创意。在第四章中,读者将见识绣花插画家路易丝·加德纳(Louise Gardiner)用天马行空式的机绣手法塑造出购物中的时尚人士形象。

"我用写生簿记录各种构思,然后尽可能让它跃然纸上。"

——路易丝·加德纳

上图

葆拉·萨卡巴列罗运用手绣和织物拼贴创造独有的艺术风格。

上页图

"我用的是贝尼纳(Bernina)缝纫机,在油画布上自由创作,或牛用丙烯颜料在绣花花样上作画,再进行绣花,把精细绣花线所创造的花样融合进绘画的色彩与空间。"——路易丝·加德纳

左图

西尔亚·戈茨为Cosmopolitan所作的这幅插画集合了各种不同元素，包括彩色纸、铅笔画（脸部）。西尔亚把它扫描到电脑，再使用Adobe Photoshop软件添加背景。

下图

西尔亚的这幅插画中，头发由手绘完成后扫描到电脑中。围巾用印花纸制作，而人物剪影则是在Adobe Photoshop软件里以矢量工具创作。最后完成颜色与阴影。

下页图

塞西莉亚·卡斯特德的插画作品，经绘画和照片拼贴而成。这幅插画作为《洛杉矶时报》时尚增刊的封面，取自珠宝主题。

"这个平面的黑色剪影使"立体"面料的围巾更加突显。我热衷于这种简单有力的插画。"
——西尔亚·戈茨

多材料拼贴

"拼贴（Collage）"一词最早起源于法语，由"粘贴"衍生而来，代表"贴"的意思。在时装画里，拼贴最初是将平面元素如纸张、壁纸、印刷文本、报纸或照片等，与三维元素或"素材"相拼贴，而形成一门插画或设计艺术。拼贴艺术家们大多会广纳各种材料、缝线、纱线、纽扣、织布、木材、羽毛或金属丝……任何零碎边角料都可为他们所用。

不过，直到数字技术飞跃后，多材料拼贴新技术才得以发展。拼贴艺术和集合艺术可在扫描后通过电脑进行操作。现在，插画师运用电脑软件，例如Adobe Photoshop，将不同材料用于插画，再将作品进行平面化处理。这样，作品就可以直接打印。许多学生将此技术用于整理其收集的素材，并将作品归入作品集。

第三章 美术技巧

"用铅笔手绘的树叶和女孩形象扫描到电脑,成为这张插画的基底。然后我用Adobe Photoshop软件把这些珠宝的照片添加于其上。"

——塞西莉亚·卡斯特德

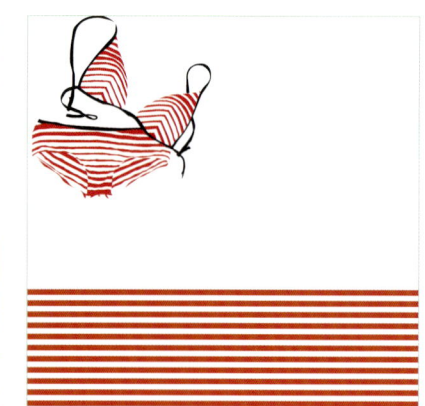

"在这幅作品（上图）中，我们突出比基尼面料和背景的变幻，创造二者间的关联。"
——:puntoos

数码插画

数码插画是艺术家直接操作数码工具来制作的图像，通常运用点式定位设备来制作，例如连到电脑的绘图板或鼠标。在购买电脑时，需权衡选择PC或Mac、台式机或笔记本，关键取决于电脑的RAM质量好坏和硬盘空间大小。图片文件通常会比文本文件占的空间大，你可能另外需要准备外置式硬盘用于存储，同时也作备份，以防电脑故障或文件意外丢失。

扫描仪也是一项有用的设备，可配备在工作室。在可靠的复印店也可以获得专业的扫描文件。

大多插画家使用绘图板进行数字绘画。性能优越、图板大的设备输入效果精确，这样作的徒手画更准确，作画过程更愉悦。

大多数人都使用带内置照相机的手机，再没有理由懒于当场记录图像灵感。好的数码相机是对时装画创作的一项投入。

数码插画有位图和矢量两种主要工具。通过位图工具，数据可存储在固定数据行、列或图层，包括像素色调、亮度，还可能包括滤镜设置等数据。矢量工具则将数据存储为分辨率独立的由数学公式描述的线条、图形及颜色变化率形式。

左上图

文斯·弗雷泽（Vince Fraser）这幅为《潮流风向家》（*Trendsetter*）杂志创作的封面插画中，模特原照经Adobe Photoshop软件修图，背景图采用抽象形状，由3D Studio Max软件制作。矢量特效全部经由Adobe Illustrator软件绘制，输出到Photoshop，完成最终作品的后期制作。

上图

:puntoos对矢量插画驾轻就熟，通过变幻构图、色彩等，往往能获得客户赞誉。他们通常把照片扫描到Adobe Illustrator软件，锁定该对象图层，然后以另建图层的方式开始绘制。为了方便进行矢量绘画，他们选用了Wacom小绘图板和24英寸iMac电脑。完成轮廓绘制并上色后，按不同元素分组（如分为比基尼、背景等），再分别组织构绘。

市场上图像操作软件众多，常用的软件包括：Adobe Photoshop、Paint Shop Pro、Corel Paint Shop Pro、Corel Painter、Adobe Illustrator、CorelDRAW以及Macromedia Freehand。

数码时装画师大多运用一系列程序分别来修正、修饰、处理、构图及绘画。你可查阅第四章中来自马科斯·秦及汤姆·巴格肖的使用辅导，了解他们应用Adobe Photoshop和Illustrator进行创作的过程。网上也有很多辅导文章，可以帮助你解决问题。本书后所附的补充书目中，推荐了一些网站和书目。

下图

巴黎杂志 *Jalouse* 为插画家凯特·吉布（Kate Gibb）提供了一组数码照片，她将其转换成丝网印刷画，然后在网布上用画刷和墨水作画。她认为这种方式能使画面变得生动立体，因为丝网印刷画的通病便是易显平板。

"即使我对作品的艺术性有信心，但所展示服装的真实感也同样重要，包括它们的色彩、触感以及最重要的：织物特有的印花质感。"

——凯特·吉布

第三章　美术技巧

色彩

我们的日常生活中充满各种颜色，我们经常要在穿着、家居装饰甚至买车时对其做出选择。培养颜色搭配的判断力，是时装设计师或插画师的基本素养，不管是在选择作品集方案、设计以色彩为主题的作品系列，还是制作时装画的配色时。

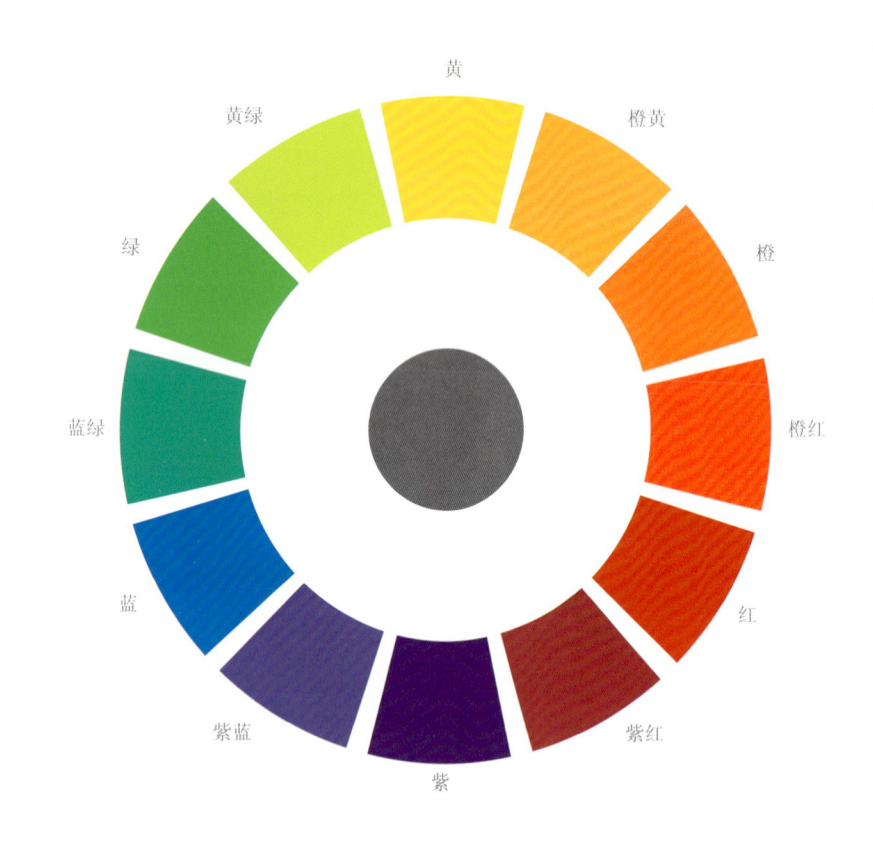

色盘

了解色彩理论的基本法则，学习如何用色，可以提高时装画师的能力。学习色彩理论的最简单方法是学习色盘。太阳在雨天出现，一般会形成彩虹。彩虹的基本颜色包含红、橙、黄、绿、蓝、靛和紫。色盘就是该光谱（除靛以外）的简化版，色盘上一共有六种颜色。色盘颜色可分为以下几类：原色、间色、复色、暖色、冷色和互补色。

原色

原色是不能由其他颜色混合调配的基本色。三原色为红、黄和蓝。它们在色盘上等距离分开。

间色

三种间色为橙、绿和紫。它们分别由两种原色混合而成。红色和黄色混合而成橙色，蓝色和黄色混合为绿色，红色和蓝色混合则为紫色。间色在色盘上同样等距离分开，并分别被原色隔开。

复色

将原色和在色盘上与之相邻的一种间色混合，就形成了复色。例如，红色和橙色混合为橙红色，红色与紫色混合为紫红色。复色在色盘上也是等距离分开的。

暖色和冷色

人们对所有颜色都有心理和感情联想。暖色，诸如红色、橙色和黄色会使人联想到阳光、火焰等。在一幅插画中，暖色往往显得突出，让人感觉比较靠近，而冷色则显得靠后。冷色包括天空和流水的蓝色以及山林树木的绿色。记住暖色和冷色分别带给观者的感觉，能够改进作品的烘托氛围。

互补色

色盘上位置相对的颜色是一对对比色，称为互补色。互补色可由原色或间色组成，分别为红绿互补色、蓝橙互补色和黄紫互补色。

两种互补色放在一起时显得非常鲜艳。两种颜色混合可形成灰色的中性色调。要想使一种颜色显得暗些，不用拼命加黑色，而应加入它的互补色。例如，如果需要暗黄色，可在黄色中加入一点紫色。

色盘理论的应用

使用自己选出的材料进行调色是了解色盘理论的最好方式。从三原色红、黄、蓝开始调色。三种原色混合到一起形成泥黑色。再试着用间色调色，接着用复色。调色时，任何一种颜色的用量对形成的色彩明暗都有影响。记录下你调色的过程和方法，今后才可再调出相同的颜色。

色相、明度和饱和度是颜色表现的三种最显著特征。每个特征都可以通过调色，或更深入的——颜色所处环境来控制。色相是颜色的名称，用来在色谱上辨别该颜色，比如，红、绿或蓝。明度是指一种颜色的相对深浅度，它按由黑向白等级变化。饱和度，也称浓度，是一种颜色的相对色相纯度。高饱和度的颜色色调鲜艳，低饱和度的颜色较淡。

一种颜色与白色混合是淡化，把灰色和其他颜色混合则为调和，加黑色调色为调深。

色相

明度

饱和度

色彩预测

你是否曾想过，每季时装、室内产品、化妆品甚至汽车的色彩是怎样使产品更加完美的？时装设计师又是如何一致认定绿色是今年夏天的流行色？或者家居装修为什么应以棕色为主调？答案就是，有专业团队，就是俗称的"色彩预测人"，来分析数据，提出未来两年的色彩预测。第七章有一篇对Promostyl公司的采访，它是一家流行与色彩预测公司。该公司拥有代理团队，他们走遍全球，发现未来潮流趋势。Promostyl公司据此制作年度预测书作为参考书，售予全世界的设计师或经营业者。

时装画中的色彩应用

时装业中，每季服装的色彩应用都会改变。设计师在制作新品前，需通过参加商业展览、咨询潮流色彩预测机构来获得该季的色彩预测。但是，作为插画师，可以选择个人喜好的色彩来创作时装画。虽然服装演绎是重点，但是有把握地运用色彩，比花费过多精力了解每季色彩流行趋势来得重要。要能用色大胆，像孩子一样挥洒颜色，笔锋遒劲、色彩强烈。因为怕毁坏完美的人物素描而不敢擅加颜色，对于插画师来说，就是画地为牢。

考虑观者的想法和你希望吸引他们的点。减少用色、巧妙地使用某一强调色，不失为一种引人注目的方式。用该强调色添加一些合理的布局配饰，可以使画面从上到下、从左到右灵动起来。这样，强调色就能指引着观者跟随该插画的布局观赏。以一幅男子穿着黑西装、系红腰带、戴红帽、穿红鞋的插画为例，红色会吸引观者注意并随着它转移视线，而不会被主要的黑西装分散视线。

顶图、上图

顶图的调色盘展示了路易丝·加德纳在为绣花插画《魅力女郎》（上图）背景配色时的颜料调色情况。

左图

马克斯·格雷戈尔用深浅不同的蓝色创造出属于他的"蓝色女孩"。不必害怕只使用一种颜色。有时通过色调明暗深浅变化所创作的作品甚至优于用多种对比色混合的效果。

本页中的两张插画也是用单一色调绘制的。经过插画家对纹样和线条的巧思，反而增添许多趣味。清水裕子这幅《开始倾听条纹》（上图）中，时装画人物几乎融入所躺的黑白相间的条纹背景中。场景和她的所着服饰相同，都是条纹花样，但是，她的红鞋和红唇让她从中脱颖而出。格雷戈尔的《我我我我》（右上图）是由数码制作的，带有大小形状不同的纹样。纹样的设计和颜色运用（虽然仅是在白色背景上采用黑色）使这件服装成为图中主要的关注点。

路易丝·加德纳创作她的绣花插画时，先在织物上完成人物绘画与上色。通过《魅力女孩》一图和相应的调色情况（上页），你可以发现她在插画创作时有感受色彩平衡的天赋。在第四章中，路易丝会专门指导，更多地讲解她的色彩创作。

马克斯·格雷戈尔在《蓝色女孩》（上页下图）中精妙的色彩运用，与本书中其他插画形成鲜明对比。格雷戈尔用深浅不同的蓝色创造出这位谜一样忧郁的"蓝色女孩"。纯蓝的背景使观者将焦点集中在人物身上。阴影部分与插画其他部分一致，也应用了同一色调。

为了获得更多的启发，可以研究其他艺术家和插画家作品中的颜色运用。可参见第六章，当代插画家以丰富的想象力创作了各种配色方式。试用类似的技巧，并加以自己的体验。

左上图
清水裕子展示了如何用红色元素点缀单一色调的插画。

上图
马克斯·格雷戈尔也使用了单一色调，但他利用纹样的变化来表现服装之间的差别，在时装画中着重突出对服装的演绎。

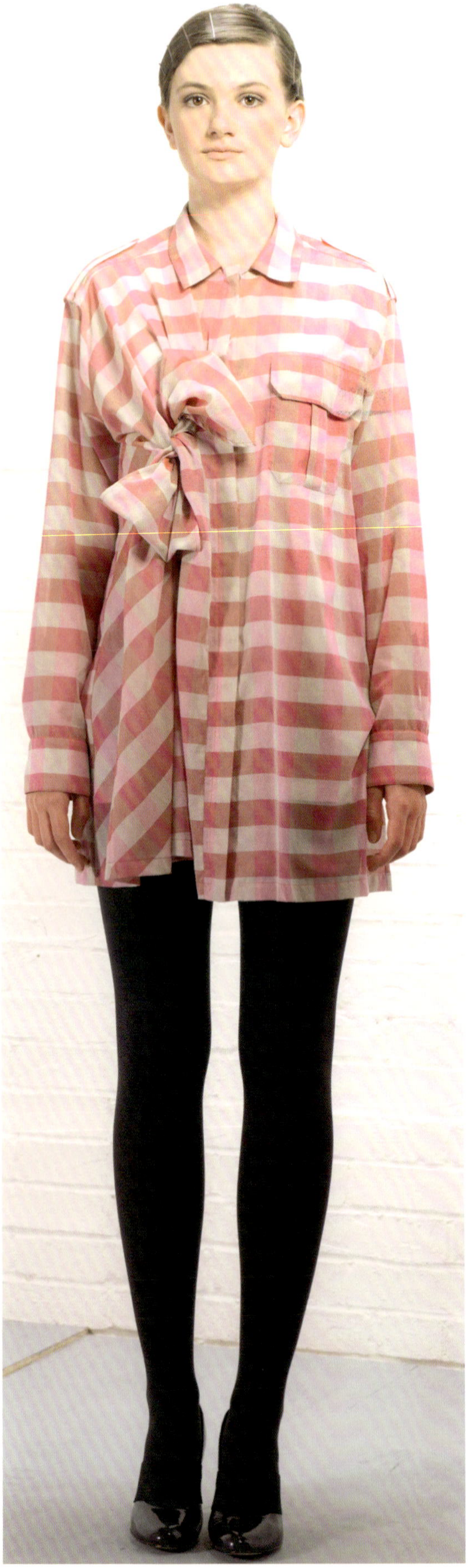

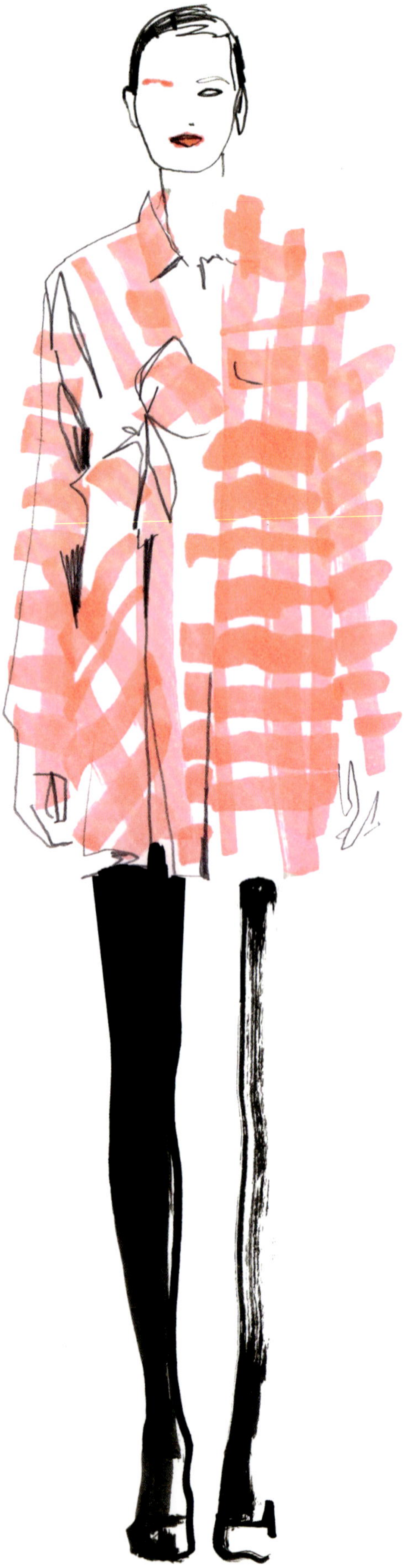

面料的艺术表现和花纹的表现

准确地描绘面料特征，是对一幅时装画真实感的表现。为了达到专业准确地表现面料的标准，必须对不同面料有所认识，观察它们不同的悬垂性和合体性。而最好的学习方法则是对穿衣人物进行写生。注意面料穿在人身上呈现的形态，它并不是平铺的，而是紧贴人体轮廓而成形。观察宽松式服装如何悬垂，人体穿着的紧身面料又是如何紧绷，练习画下不同的服装效果。广泛收集面料样本，拿它们练习作画，观察面料被折叠和悬挂的方式。

须谨记，虽然时装画创作极具独创性，但是这类艺术作品的目的是为了表现一件或一套服装。对服装所用面料的表现构成作品的重要一环。

条纹和方格面料

当绘画条纹面料时，不要忘记条纹是随人体运动的。不管条纹的宽度或印制的方向如何，它们都是横向、纵向或环绕人体的。绘制时装画时，容易误把条纹花样画成平行的直线。如果你看见一条未被穿着的直条纹套衫，它的条纹线条的确是直的。但是，想象一下人穿起这件套衫的情况。这些条纹裹住人的躯干和手臂，此时应该用曲线来表现它们。

正确的条纹作画方式是从服装的中点开始作画，然后让条纹线条随着人体曲线游走，往上画到肩膀处，往下至臀部衣服的褶边。不要错误地从衣服的顶部或底部开始画，否则条纹线条的走向会搞乱人物臀部移动的位置和肩膀的摆放。而从服装的中部开始画条纹，才能确保条纹的等距分割，这个规律对均等条纹的面料成立。而有一些条纹面料的条纹是不均等的，没有对称性。条纹可包括直条纹、横条纹和斜条纹。

方格或格子面料是由两种方向的条纹构成。与条纹花样类似，它分为直格和斜格，可形成连续的"+"形或"×"形。方格同样也由缠绕身体的直线条构成。这些线条通常从服装前中位开始延展，线条之间以等距排列。

使用轻细铅笔线条打草稿，再绘制条纹和方格面料。如果想要成品看起来可信，这一阶段的准确度至关重要。

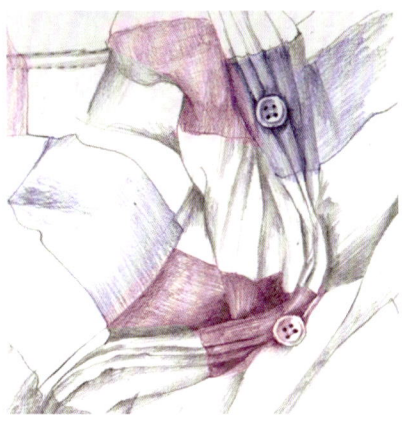

顶图

铅笔画和纸经过Adobe Photoshop的贴合。

上图

彩色铅笔和石墨铅笔的组合，并经过Adobe Photoshop修调。

上页图

塞西莉亚·卡斯特德用Priscolor Premier平头粗马克笔来绘制索菲·休姆（Sophie Hulme）这件方格衬衫的插画。丝袜用Cretacolor书法墨水绘成，采用了Beckers440合成亚力力画刷。塞西莉亚喜欢用马克笔作画，是因为"它具有粗犷的风格，你每画的一笔都是不可改变的，所以你下笔更需深思熟虑，成品风格就会果断有力。"

羊毛

　　毛纺面料大多为重量不等的各类机织物，包括法兰绒、华达呢、绒头织物和马海毛织物。毛纺面料也有不同花式——例如粗花呢、细条纹和人字斜纹。羊毛服装最好用软性材料来表现，因为除非是花式织物，一般它们所画出的毛纺面料表面显得平滑。可绘制出底色和深一些的阴影。马克笔适用于绘制平幅织物，再用可擦除细线笔柔化边线，用湿性画笔轻扫轮廓。其他适用于表现羊毛服装的美术材料有：铅笔、墨水、水彩颜料和水粉颜料。试着用颜料画出底色，再用铅笔扫出高亮处或画阴影。

　　花纹和织纹可以用干笔画来表现，即用少量将干的颜料作画，画面留出部分空白。你也可尝试在湿颜料画表面刮几条方向不同的线条。对粗花呢和细条纹，可用墨水和马克笔表现其花式的流畅。为了表现机织面料的精密度，用两种或更多颜色来画交叉阴影线。

下图

　　塞西莉亚·卡斯特德一件表现伊本·赫依设计作品的插画全由铅笔（HB和2H）画成，她先勾画草图，然后仔细画出该针织品。在后期制作时，再用Photoshop软件中的"色彩/平衡调整工具"微调了插画的颜色。

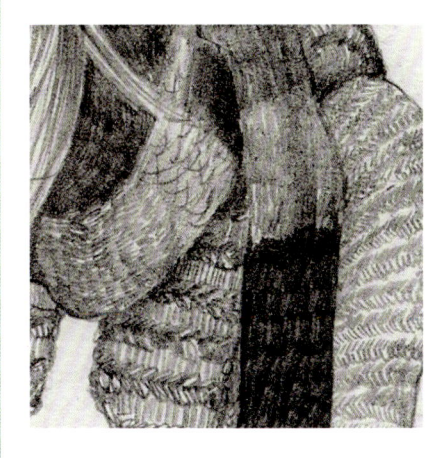

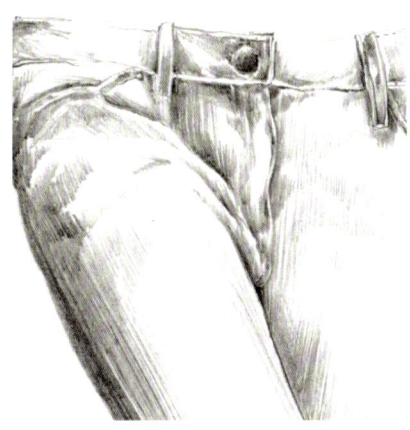

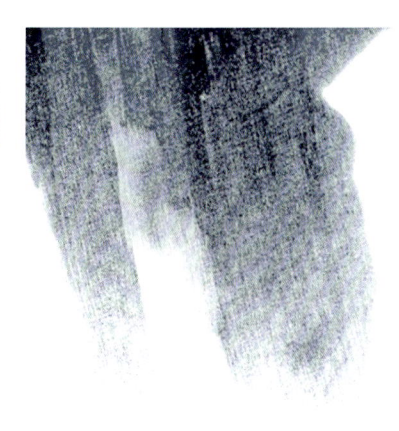

针织物

针织面料独有的成圈和串套方式构成了它的纹理组织。与机织面料相比，针织面料有其特别的延伸性和织物组织。针织服装可以由手工或机织完成，也可使用各种毛纺原料和纱线制作，包括安哥拉毛、羊绒、马海毛、雪尼尔纱、毛圈花式线、金属纱。应了解针织服装的多样性，因为它们需要分别采用不同的表现手法。

为了表现针织面料与机织面料的差异，你需要画出罗纹组织，即表现针织面料上的凸起的横列线圈（针）。罗纹组织通常用来制作领口、袖口及衣服的下摆，可以用重复线表现。你还需掌握如何逼真地表现针织面料中的各种针法。例如，绞花和花边编织可以用直线加曲线的串套组合来表现，双反面组织和袜口组织则表现为一组线圈和椭圆。针织花纹一般有几何图案、凸起的织物组织及花形图案，最常见的花纹为费尔岛杂色图纹和菱形花纹。在绘制花纹和上色前，最好先打好花纹草图。

机织物

牛仔布是一种厚机织物，通常表面以明线、铆钉、凸起的缝线加以装饰，这些都可由插画家手绘表现。仔细观察一块牛仔布，你会发现，它主要由被织纹破坏的斜纹线组成。用深浅不同的几只水溶性蓝色细铅笔可以表现这种效果。用深蓝色画破的斜纹线，淡蓝色画织纹。牛仔布磨旧的地方，用水晕淡色铅笔画迹可达到效果。牛仔布的铆钉通常是金属材料，用金属色笔或颜料可以很好地表现。在明线突起处用单虚线突显即可。现在的牛仔布更加多元化，还包括了绣花、裂幅、印花、珠饰等元素，这些都是时装画师必须注意的。

左图
用铅笔刻画手工针织品的针迹。

中图
用铅笔表现牛仔布的机织特性。

右图
在糙面纸上用蓝色颜料绢网印花来表现牛仔布，仿效牛仔织物组织。

薄纱

薄纱面料十分精细，单层是透明的，透过它可以看见肤色。除了女士睡衣，多数薄纱服装是多层或带衬底的。

薄纱布料可统分为两类：软薄纱，如雪纺、巴里纱、乔其纱及一些蕾丝花边；硬薄纱，包括透明硬纱、丝网眼纱、网纱、奥甘迪蝉翼纱。要表现透明的面料，应在时装画中先画出肤色，在其上用铅笔或马克笔施上具有轻薄感的面料颜色，不要用突出的粗深轮

上图

塞西莉亚·卡斯特德创作的这张表现Bolongaro Trevor品牌连衣裙的插画是经拼贴而成，透明的薄衬纸被堆放开，以表现这件多层薄纱连衣裙，然后用少许喷雾黏合剂粘住，再把这张拼贴画扫描到Photoshop里，并加以细节描绘。

廓。为了可以看出下面的肤色，注意不要选用太深的颜色画薄纱。

薄纱布料与人体贴合处颜色较深，而飘浮起来的地方颜色较浅。这种方式同样适用于表现多层雪纺纱——层数越多，颜色越深。蕾丝和网纱面料贴附皮肤时也同样需斟酌下笔。网孔状的面料可用密集交叉影线来表现，在面料折痕处颜色加深。绘画蕾丝时，可以用细线签字笔勾画花样和绣花细节。对于这种精细布料的绘画，线条应保持流畅，不含尖锐的拐角。蕾丝的下沿一般为扇贝形褶皱，花边繁复，不可能一一画出，在时装画中只需简明地表现出它的式样即可。

相比上述几种薄纱，透明硬纱和奥甘迪蝉翼纱材质较硬。用这些面料制成的服装在穿上身后尤其醒目，能创造戏剧化效果。运用与画其他薄纱相同的技巧，同样可以表现这类面料，不过它们的悬垂性和光感有所不同。在勾画这类布料时，试着交叠几个色块，来表现一片面料交叠于另一片面料上的情况。可用加深的颜色来反映双层面料的厚度。

装饰和绣花面料

并非所有面料都是整片相同的，不同部位可能纹样不同。手工织物通常有绣花或点缀，需要相应地改变绘制表现方式。面料一般以针缝方式加以点缀。例如带衬垫的突起面料，再加以手工或机器缝制的花式图案修饰。要在纸面上表达这样的花式，必须画出花样周围相对突起的效果。在深背景中画浅色点缀物会显得靠前些。绣线也会反光，也应用高亮表现。想一一描绘每个细节是不可行的，但间断性地画出这些元素，就能体现出这类装饰线迹。

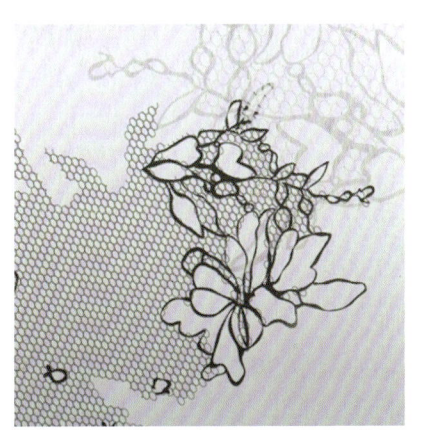

顶图

　　用Illustrator软件绘制的透明的红色渐变花瓣层层叠叠。

中图

　　将铅笔画扫描后用Photoshop涂上黄色主色调，加深花样效果。

底图

　　用Illustrator软件制作的矢量花式图创造蕾丝的效果。

上图

对索菲·休姆设计的这件全亮片连帽外套插画，塞西莉亚·卡斯特德采用深Luma Brilliant浓缩水彩颜料，用深浅不同的色调表现。颜色采用分层上色，先上浅色再上深色，然后把上色作品用Photoshop扫描，将色块修浅，形成亮片闪亮的效果。

光泽面料

绘制光泽面料前，先观察光线如何落到服装上。正确的描绘可以创造反光的感觉。服装的强光部分可画一条白色细光线，或在该区域留白。

光泽面料可分为三类。第一类是反射型，包括厚实面料，例如塔夫绸、绸缎、皮革、柔光天鹅绒和丝绒。第二类是带光泽的装饰性织物，通常是珠饰或亮片金银丝。第三类为花式夸张的蛇皮纹和凸花纹锦缎织物。

光泽面料一般用三种深浅的颜色绘画。最深色用于褶皱和阴影，次深色作为服装的主色，浅色用于强光部。浅色通常为白色，其周围是深色的背光部分，可在衣服的边缘等处加几笔。在身体露出衣服处要加强光处理，如胸、手臂、腿等。只要能够表现出光泽感，可选用任何美术材料施上这三种深浅颜色。

天鹅绒等的柔和光泽可用相同的方法绘出，但不能用纯色色块或清楚的轮廓线，而应该画出羽毛般柔软的边线。软性干材料，例如蜡笔，就是时装画里绘制光滑柔软面料表面的理想材料。把金属丝、亮片和珠饰的闪光作为花样图案，用硬刷头笔和干性颜料点画出效果，再以亮白色画高亮。或者也可以用中性尖头马克笔完成作画。用金属色笔可为画面添加闪光效果。

皮毛制品

天然和人造皮毛制品都难以照实表现。在画这些部分时，常犯的错误是会画过多的线条来表现它们。最好是采用水彩画纸，先将画纸弄湿，再轻轻施以墨水或颜料，实现毛茸松软的线条效果，可极好地表现皮毛的优雅之美。白色皮毛制品可以透过深色背景体现，再用白笔加上细线。

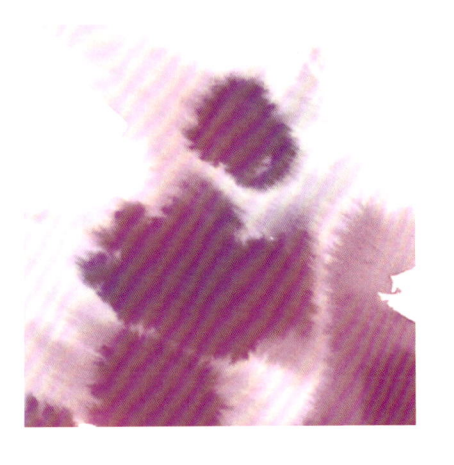

顶图
先用铅笔画然后扫描，并用Photoshop软件反相处理，形成长皮毛效果。

中图
湿纸上运用墨水，使其晕散开，创造短毛动物制品效果。

底图
粉色水彩颜料在湿纸上扩散似羽绒般，仿效皮毛围巾。

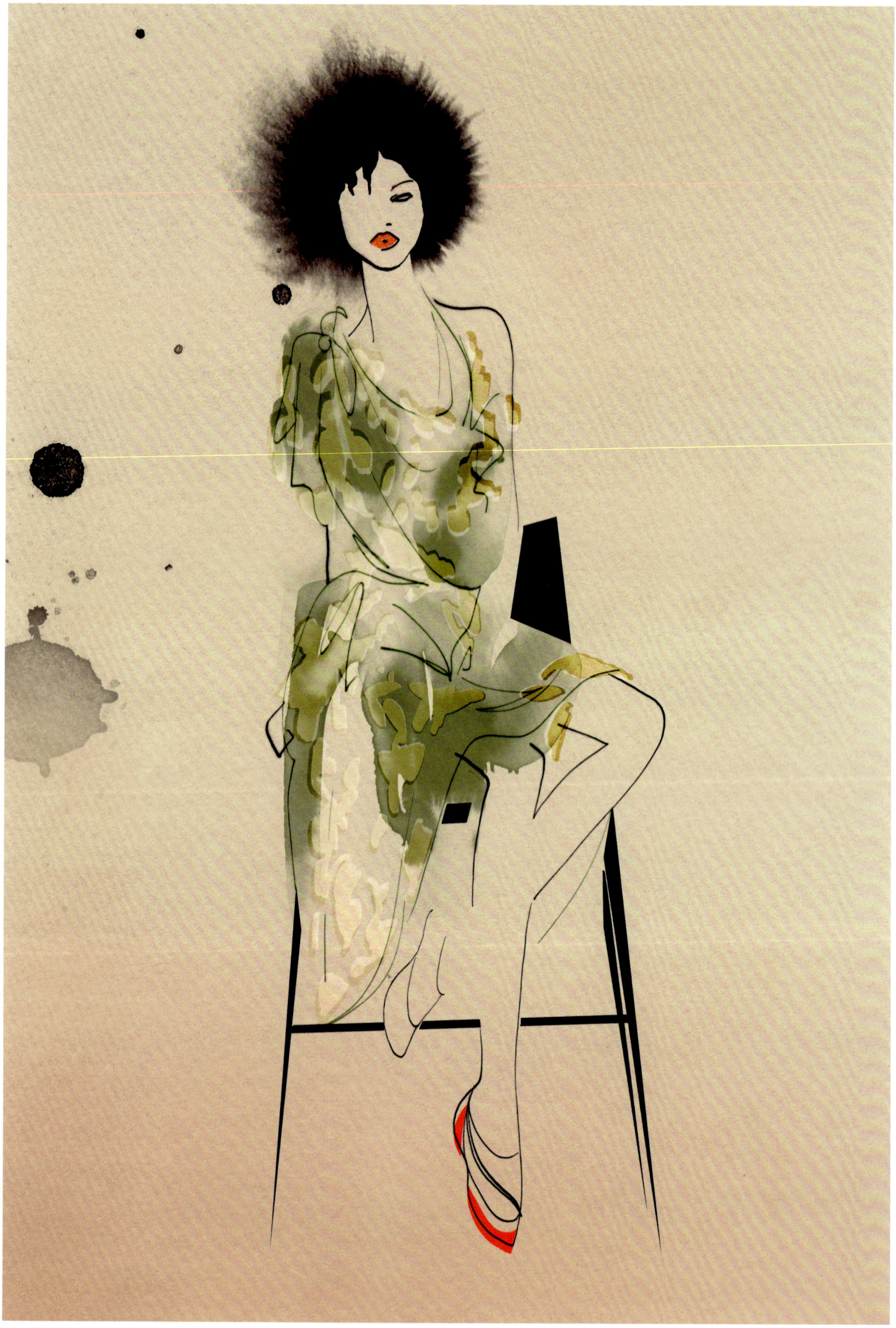

第三章 美术技巧

花纹与印花图案

　　时装面料上可以印制任何设计或装饰图形，包括花形、抽象画、动物画或圆点。重复或复制性的设计称为循环花纹。除了其重复性外，还需注意花纹的比例缩放。比如，实物花形须以符合时装画人物的比例缩小。最简单的方法是把面料举至人的身体前，沿边线或腰际数花纹的重复次数。在画人物画时，用相同的重复次数画花纹，就可以实现同比例缩小。

　　为了减少过多的印花图案，可移除一部分，因为它在较小的画面中会显得过多。相同的花样只表现出一部分花样即可，剩下的部分用柔化阴影掩饰，并应用有限的色调。

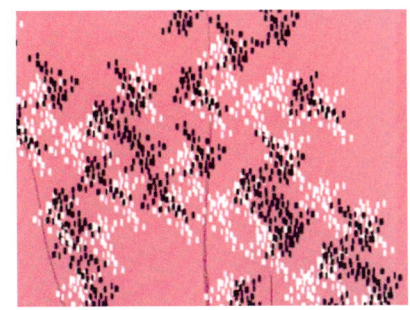

上页图
　　这张塞西莉亚·卡斯特德的连衣裙时装画运用多种材料绘成。底色为水彩颜料，金色的花纹是在Photoshop中把实际面料图案置于图层之上用"套索工具"勾画出。用"填充工具"恰当地为面料上色。作品巧妙地结合了水彩颜料，画出了面料飘逸感和电脑印花图案的生动性。

左上图
Bolongaro Trevor品牌服装。

右顶图
用Illustrator软件绘制的小幅循环花纹图。

右中图
用Photoshop软件制作的循环花纹，色彩彼此叠加。

右底图
用Photoshop软件完成的彩色纸拼贴画。

悬垂性

仔细观察面料穿于人体时的悬垂、撑挂、落下及贴合的样式，是绘画时的重中之重。前文中已经探讨了如何绘画各类面料并真实可靠地表现它们，但是，插画师同样必须认识到，人体是运动着的立体存在，面料体现形状时会根据高矮和身材的不同而不同，面料依赖于它所贴附的那部分躯体。有时悬垂的面料带着松散的褶皱，轻柔地依附或紧贴着身体；有时面料束起或扎起，紧紧叠在一起。面料的走向通常是受重力控制的，但有些时候，它也会被手臂或躯干撑紧。

必须仔细观察服装是如何包身的，正如花纹面料随身体曲线改变方向，深浅颜色也会区块明晰，褶边的长短也相应变化。右图中方格布料的作画实例清楚显示了服装的悬垂样式。走向不同的花纹线表现出服装被撑起和下垂的形状。阴影的描绘可使插画更有形式感。一般来说，你可以沿着褶皱线或是其他你认为应该有阴影的地方画上阴影。别忘记，一件服装中不会出现两条相同的褶皱。可以进一步观察劳拉·莱恩为伊本·赫依服装创作的时装画（见第135页）。莱恩在描绘面料的悬垂性和褶皱方面有突出表现。

塞西莉亚·卡斯特德用Adobe Illustrator创作了这张网格插画，展示了面料的悬垂和凹落样式。方格面料是用来表现由于下垂面料的方向变化和光影变化使面料不同区块和颜色深浅受影响的绝佳实例。

面料参考练习

为了掌握本章节中所涵盖的知识，可自己试着表现面料，创作一套参考插画。把一张白纸裁切出多个正方形空框。把方框置于各种面料样本上，用取景器参照。试着绘制出取景器取中的方框图像效果。持续运用各种绘画材料，直至找到最适宜表现每种面料的材料。在最佳面料表现图旁加标注，可方便自己再创作出类似的效果。这样建立起真实再现技法的资源库，对未来的时装画创作必定大有益处。

第四章 名家指导

多种媒介：蒂娜·伯宁

蒂娜·伯宁最初于德国纽伦堡学习平面设计，该专业主攻插画制作。她除了接受委托作画外，还持续开展艺术项目，比如她写作了名为《廉价纸上的100个女孩》一书。这本书来源自一个挑战计划：她要在100天内完成同样数量的插画。在与米开朗基罗·迪·巴蒂斯塔（Michelangelo Di Battista）为意大利版 *Vogue* 合作时，模特以伯宁的插画覆住部分脸部进行拍照。这次创作充满活力，因为不同媒介间的结合也正是创意人士间（摄影师和插画家）的结合。

在数码制作新技术为艺术家日常工作所运用后，结合多媒介来描绘日新月异的时装界自然无可厚非。在本篇专家指导中，蒂娜把传统墨汁和丙烯绘画技巧与Adobe Photoshop软件的应用结合起来，演示了她每季为 *Fashion Trends* 制作插画的过程。

www.tinaberning.de
www.cwc-i.com
agent@cwc-i.com

可在第27、第67、第71页以及第188、第189页查看更多蒂娜·伯宁的作品。

1. 我要为《2009年夏季流行趋势》一书制作封面。该书是一本针对时装业者的流行趋势报告杂志，受众群体包括设计师、服装公司和零售商。它展示并分析最新的流行趋势。一年四季，每季我需要制作封面和五张内页图片。封面要求用折叠式的，所以我需要保证它的效果适合既可折起、又可展开的要求。

我的客户会寄给我一系列时装单品资料以供选择。我挑出一件迪奥2009年夏季连衣裙制作封面，因为它的样式会有良好的绘画效果。上图展示为我过去所制作的一些封面。

2. 在草图里，我用软件中的"路径工具"把这件连衣裙从客户给我的迪奥作品照片中裁出。接着我选定路径，新建图层，并选定模特在图中的恰当位置。从照片中裁出的图形并不贴合该模特身形，因此我通过移动，并用"自由变换"（Ctrl+T）操作使其合身。

3. 用Photoshop软件完成初始草图。为了方便检查画作是否符合版面设计要求，要将从客户处得到的版面模版在Photoshop中单独建立一个图层。再检查，比如眼睛是否落在左半页，因为右半页是被折起的。

4. 我以草图版式为基础，用钢笔墨水细致刻画。墨水本身并不耐光，挂在墙上时，画作会慢慢褪色，但是褪色效果一样动人。通常我使用威尼斯玻璃羽毛笔作画。若你也发现这种笔，一定要购买：用它下笔可如行云流水，其笔锋则绵长优美。同样，我还带着一只大号水彩画笔，用以蘸取足量的水或墨水描绘线条。和墨汁不同，墨水具水溶性，所以用画笔接触它，线条会变浅，因而其线条延长和淡化效果都不错。

5. 在Photoshop软件中，我给作品形象添加了一点妆容。我用Photoshop所做的每一步修改都放在不同图层上，因此如果我对唇色不满意，便可随时改动。妆容的颜色是用"画笔工具"添加的。用Wacom绘图板我还能控制"画笔"的力度与颜色的暗度。

6. 我从多年收集的背景图片库中选择了这幅杏色图案。它是用丙烯颜料在硬纸板上完成并用刮刀将画面抹平的。背景与面部颜色差异不大，表面纹理精巧。我用Photoshop打开背景图，把女孩图像拽到另一个图层，图像层采用正片叠底模式。为把裙子的背景色去掉，我用了"路径工具"确定裙子的边线，再把裙子部分反相，再用蒙板工具。我用蒙板而不擦去背景色，以防之后不能再进行修改。如果我觉得背景色从上往下看更合适，我可以直接移动它，而蒙板区域不会发生任何影响。

7. 裙子的花纹和颜色是分开画的。我先画出花纹的组成部分，然后在Photoshop中根据照片中的面料样式摆放它们。我把每个圈和圆点都放在不同的图层中，然后我分别用"复制"、"切换"、"转换"工具，并设置正片叠底模式的透明度，经反复修改，直至它们看起来像面料的组成部分。白色斑点其实是由深色斑点反相操作得到的，同样单独添加加一图层，图层选项中选"滤色"。这样一个Photoshop文件大概有30个图层，所以最好新建一个文件进行面料绘制，完成后再将成品加入主文件，作为一个独立图层。这样你才不会因为最后在一个文件中要打开高达300个图层，而完全找不到任何东西。

8. 组合好的花纹与裙子主体结合，融进不同的层面，表现出布料的层次和褶皱。我不会把整个花纹直接添加过去，因为这样显得呆板。我用"路径工具"在图中抠出裙子的不同平面，对花纹图层的选择区添加蒙板。接着我复制花纹图层，对裙子另一部分新增蒙板，在蒙板下移动花纹位置。在本实例中，该面料我共用了五个花纹图层。

9. 添加阴影以及一点喷漆元素。我用很稀的墨水在另外一张纸上画出阴影，然后扫描加入Photoshop，独立做一个"正片基底"图层。人物阴影一定要与脸部阴影相符。如果你也一样分多步骤创作插画，有可能会忽略这个细节。如果光是从右边照过来的，阴影必须在脸的左边。

为了使插画看起来不突兀，我开始尝试运用各种Photoshop工具，效果往往令人叹服。绘画过程已经完成，接下来就是"装饰"阶段——尝试各种设计元素。我从连衣裙花纹中选取一些元素"缠绕"在女孩头顶，让它看来就像一顶漂亮的头饰，也让原本稍显空荡的前额处变得生动。

放手让自己试一下原本不在计划内的设计吧。

10. 最后再检查一下这张插画是否符合布局要求，特别是如果它要被裁切作为封面。印刷的色彩会由平面设计师完成，现在的只是样版。我会收到客户给的PDF格式的印刷样版。你可以用Photoshop打开PDF文件，获得精确的尺寸，可把PDF文件设为文件的一个图层（正片叠底模式）。

第四章 名家指导

fashion trends
casual
HEADI: SUMMER 2009

MODE

Hier steht der text,
Hier steht der text,
Hier steht der text,

MODE

Hier steht der text,
Hier steht der text,
Hier steht der text,

TM

ISSN 0940-7278 # 01.2008
GERMANY 135.00 €, FRANCE 135.00 €,
ITALY 135.00 €, UK 90.00 £.

4394374801353

fashion trends   PUBLISHED BY BRANCHE & BUSINESS
FACHVERLAG GMBH, DÜSSELDORF

Illustrator软件：马科斯·秦

马科斯·秦毕业于加拿大多伦多市的安大略省艺术设计学院。毕业后，他的作品频频出现于书籍封面、广告、时装目录、杂志及唱片封套上。他最广为人知的作品应该是为Lavalife网站的全球广告宣传运动所创作的插画，在地铁、广告牌、图片和网络等地方都可见到这辑广告。

在本篇专家指导中，秦将讲解他使用Adobe Illustrator软件为 *Complex* 杂志创作一幅时装画的过程。根据客户要求，插画要简洁有力，因此Illustrator软件已经成为应对这类要求的标准应用软件。艺术家、插画家以及平面设计师都用它来创作矢量图像，因为它能够方便地放缩且不损害画面质量。该软件常用来将手画草图转成高清逼真的数码图片。

秦说，他用几天时间绘制人物及背景缩略图，然后解构图画，再分割图层。这种条理分明的创作方式并不一定适合那些更加依赖手工技巧的插画家。

marcos@marcoschin.com
www.marcoschin.com

可于第142、第151页以及第162、第163页查看更多马科斯·秦的作品。

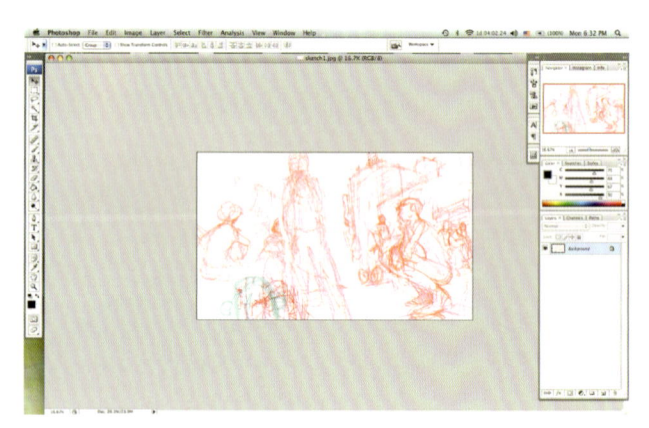

1. 插画创作的第一步是画草图。我会用好几个小时甚至好几天去构思插画。对我而言，创意是任何图像的首要元素。我热爱那些令我眼前一亮的照片及图像，也喜欢那些带有情境的图像。在这个例子中，我的任务是为 *Complex* 杂志的"着迷"版块创作，它汇集了各种潮流新品。我没有在空白的背景中描绘，而是选择在一定的情境中融进服装和饰品的展示，这使图片更有内容。我在这个"头脑风暴"过程中快速完成动态素描，素描通常只有几英寸的缩略图大小。

2. 找到构思之后，我开始进一步作画，形成较成形的人物、情境和构图。在这一步中，我偏好用马克笔或钢笔作画，因为它们笔画流畅，而且不能修改任何完成的部分。在进一步定型前，要注意保持无拘束，不特别突出作品中的任何一部分。偏重画中整体轮廓和线条，注意整体构图，防止某些部分被过分强调而显得不自然。

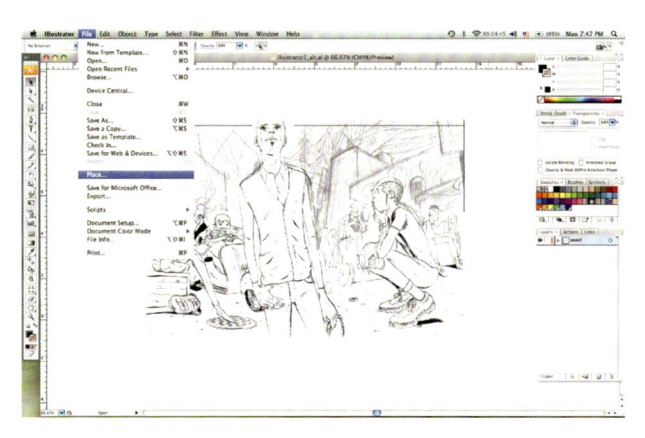

3. 如果时间充裕，我会进一步深化我的画作，并以画笔蘸钢笔墨水描绘。通常由于时间关系，我会略过这一步，但在这个实例中我做了。我把成形的作品扫描到Adobe Photoshop，存储为灰阶（颜色）的300dpi的jpeg格式文件。接着我用Adobe Illustrator打开文件，把它作为矢量描绘的模版。Adobe Illustrator中的工作区域称为"画板"。

4. 我一般会将我的图片分出几个图层，分别解构为前景、中景和背景。但当遇到像该图一样复杂的图像时，我会根据不同图层所画内容来标示。注意，在图层视窗中"铅笔图层"是顶层。在你的"画板"中，"铅笔图层"应该是前景图层。在图层视窗中，从上到下的图层相应地便是"画板"中从前到后的内容。图层的不透明度设为67%。透明度值并不是强制性规定，我使用这个数值是为演示该步骤。如要查看铅笔层下面的画，我必须降低不透明度。我锁定铅笔图层，这样在每层点到"锁定"图标的时候它不会移动。

5. 我用"钢笔工具"描出我的画。"钢笔工具"是一种点串联系统，随着我沿着画中线条移动而画出一系列点，直到成形。本图中人物的手臂就是这样制作的。注意轮廓线和填充部分的颜色样本。滑动四色（CMYK，青、品红、黄、黑）配色控件可更改各部分颜色。

6. 我喜欢把我的图片简化，只剩下简单的轮廓草图。上图即为左、中、右三个人物。这种方法类似于画家的做法，他们会先画底色，完成整图色彩，之后再于其上勾画更多层次与细节。我也加上各个图层，分别以它们在画中的组成部分命名（如"黄箱子"和"摩托车"）。对于不操作的图层，我会"锁定"它，以防不小心移动或删除掉该图层内容。

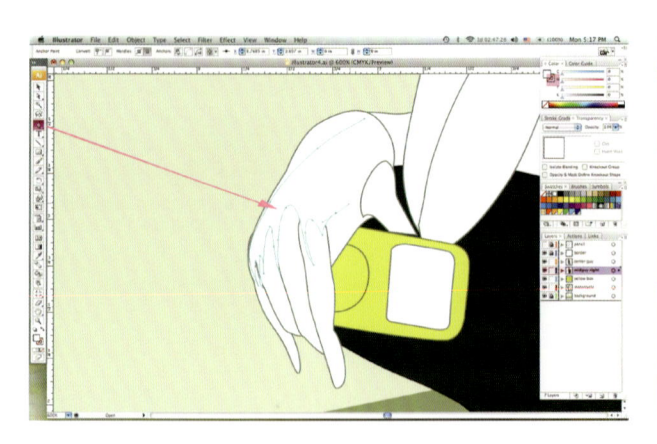

7. 完成轮廓草图后，我开始隐去一些内容。我在画人物时，会把人物分割为一些简单图形的组合。如右手边人物的手，我便画出四个指头形状，连接着手掌形状的图形。上图中我把手指和手掌间的连接线隐去，让图片看起来更真实。不画轮廓颜色，使填充色与人物手掌和手指颜色一致。

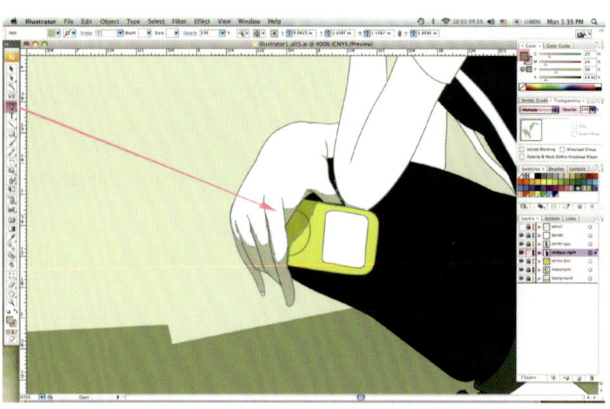

8. 按部分给图片画上阴影。我用深色在阴影区上色，接着在透明度窗口选择"正片叠底"模式。我采用与画手指的方法相同的方式画颜色轮廓和阴影。

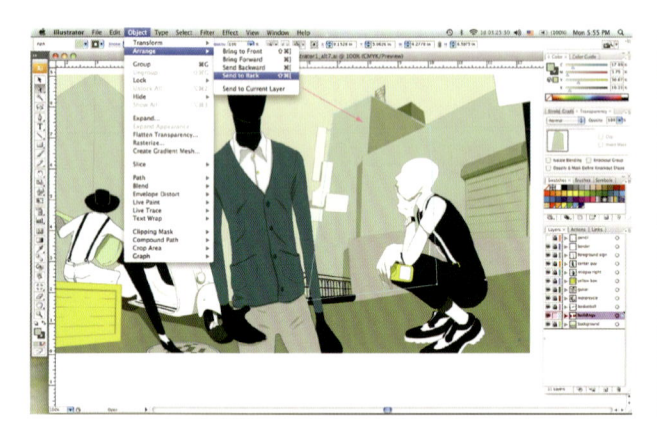

9. 我继续绘制图像的其他部分，即中景和背景，比如建筑物。我把它们独立放一个图层。如果要把一个对象调到底层，我会把"对象"窗口从菜单栏中拖出，选"排列"，再选"置为底层"。相反，如果我要把对象调至顶层，则选"置为顶层"。该操作只用于把同一图层中的对象从前景调整至背景。

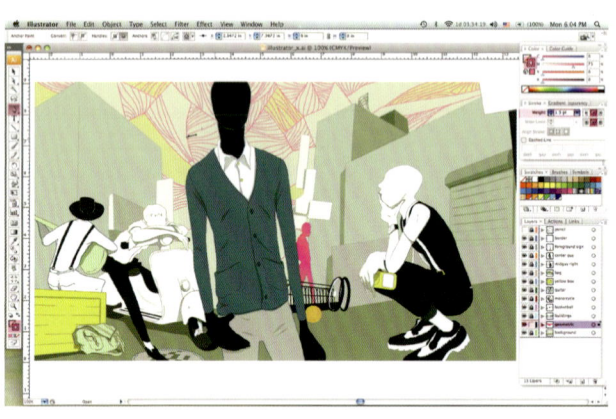

10. 为了绘制背景装饰部分，我再使用"钢笔工具"和"描边"菜单选项，"描边工具"可在菜单栏"窗口"选项中选择。选中后，描边窗口会出现在"画板"的右侧。在此你可以调整线条粗细以及"笔尖"特征。

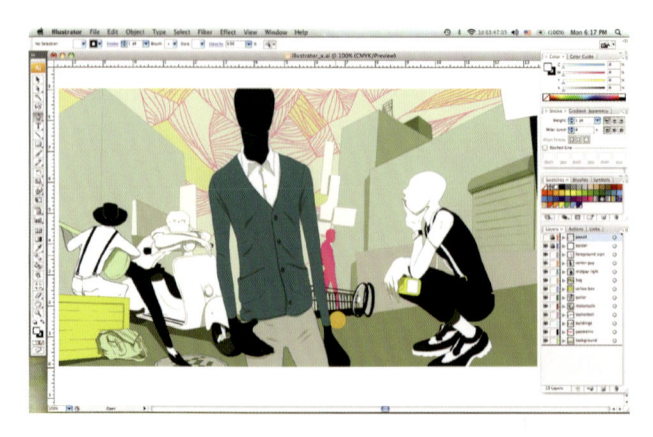

11. 该图为矢量绘图完成效果图。可以看出仍缺少草图中勾画的一些部分，这些可以用Adobe Photoshop补回。为使插画可用Photoshop打开，你可把图片存为Illustrator EPS格式。

12. 用墨水画出的图案细节样式可以加至矢量图上。它经扫描成为Photoshop软件，存为300dpi、RGB颜色格式的文件。

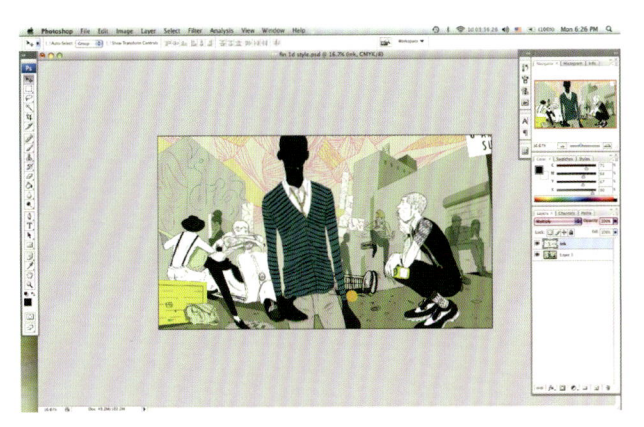

13. 在上一步中的墨水线条画被单独作为一个图层被加至矢量绘图的顶层（Adobe Illustrator软件）。在图层窗口中选择"正片叠底"模式。

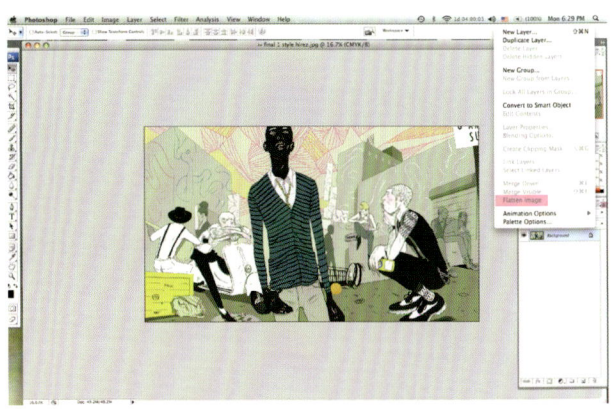

14. 图中的墨水线条已经过上一步添加到画面顶层，在图层窗口中设置每个图层选项，如"正常"、"正片叠底"模式等。完成后，点击窗口右上边的图标"拼合图层"。

15. 图像成品可用Adobe Photoshop存为300dpi的 tiff或jpeg文件，采用CMYK或RGB格式均可。

绣花：路易丝·加德纳

路易丝·加德纳毕业于伦敦金史密斯学院，获得纺织专业学位，并在曼彻斯特城市大学完成插画硕士学位的攻读。她结合韵律画、精密自由机绣、颜料画、贴花及墨水画等，创造出独一无二的生动的人物和花卉作品。她的作品在全球展出，获奖无数。她制作过大型社会服务作品，也为许多书籍与出版作品创作插画。她还创作个人贺年卡系列。

本书中，加德纳创作了一个古灵精怪的人物背影。手工或缝纫机绣花都是较冗长的过程，对客户而言成本偏高。不过，对试图展现作品独创性的设计师及时装品牌而言，这种绝无仅有的生动表现方式定能事半功倍。而近来"手工制作"的潮流，使绣花插画和作品大受毕业生及设计师追捧，它为作品创作添加了一抹亮色。

www.lougardiner.co.uk
loulougardiner@hotmail.com

可于第72、第80页以及第194、第195页查看更多路易丝·加德纳的作品。

1. 挑选你想绣的图样。

2. 临摹图样后，把描图纸搁在面料上。最好选择较厚实的面料（如厚棉布或牛仔布），否则，你还要用到绣花绷箍。这里我用了较厚的平纹白棉布，避免受绣花绷箍限制。

3. 使用缝纫机时，需要"自由机绣压脚"，或"织补压脚"以创造自由绣花。喂线针压下时，可以随意拉动、移动面料。用机针作画好比用固定不动的笔作画。调好机器、选好压脚后，跟随图纸线条刺绣，根据置于面料上的描图纸，将线条转为针迹。你可随意选择颜色，我在这里用黑线。绣花完成后，把描图纸移去。

4. （下页）回看草图，花时间思考颜色应用。你想要什么样的设计——它是为一个作品系列创作的吗？作品的主题是什么？决定、记录、配比想用的颜色。我配好面料用色，并挑出想运用的绣线。

COLOUR PALETTE
1) sassy lady - pink/red/gold green, white, yellow
2) Slightly Clashing Colours for punchy appeal.
3) gold + glittery threads for luxury.

PAINTS — MIXES.

Range of Base Colours
Mixed Acrylic — Combining colours to keep palette tight.

THREAD

5. 再回到绣品上来，用选好的底色给作品上色。作画时我选用平顺的画笔，画面风格扎实纯粹。你也可以采用较随意的作画方式，或者用墨水画出更精细的效果。

6. 你可以看出，我在表现人物腿部的网袜纹样时，采用了自由机绣压脚。

7. 当底色达到你想要的效果且颜料干后，就可开始使用各种色彩华美的绣线。在颜料画的底色上刺上不同颜色的绣线，可以创造立体效果，原本的颜色也将呈现不同的色调。我还用黑线添加了一些细节，并开始用红线绣出设计。如有条件，缝纫机可以使用多种针迹。如不行，直线针迹或之字形针迹便足够发挥创造力了。

8. 继续在作品不同部分绣以不同颜色的绣线。小心走针的路径，创造该服装花纹样式。每一针的应用都将使作品更丰富。

9. 通常，在每件作品临完工前，我会花费些许精力做些独特的补充。例如想要加点魅惑性，可以使用闪光线或金属线。做工精巧的闪光线夺人心魄。不过记住，你随时都可以把金属线缠进线轴，从反面刺绣。这就是绣花的美妙之处——作品是双面的，而背面（见图）往往也同样好看。

10. 可能需要经过一些练习才能更好上手，不过如果你需要平整的效果。绣品好好熨烫过后，你可以拉伸它，就能使它变得平整。只需把面料边缘钉在衬纸板上，从面料各边的中点起钉，从中间往外里慢慢拉伸面料。

11. （下页）我决定泼上一些墨点使人物显得活泼，表现人物的摆动感，使设计与背景融合起来。啊，这个漂亮的时髦小妞绣得很完美了！

104

第四章 名家指导

照片集成：罗伯特·瓦格特

荷兰裔插画家罗伯特·瓦格特毕业于荷兰米纳瓦美术学院，专攻摄影与时装画。他参与了许多美国和法国的宣传活动的创作，其客户包括：威迪文、福特、可口可乐和吉列。瓦格特也是一系列国际杂志的特约定期画家，同时还为时装设计师保罗·戈尔蒂埃和皮尔·卡丹创作插画。

罗伯特·瓦格特的作品新奇有趣。他以照片为参照，但不被照片所约束，而是使身体变形，创造出荒诞的效果。本文中，瓦格特展示了如何把杂志和照片粘贴，创造自己标志性的诙谐与怪诞照片集成风格。他还用Adobe Photoshop软件使这幅手工作品变得利落、数字化。

www.lindgrensmith.com
pat@lindgrensmith.com

可于第43页以及第178、第179页查看更多罗伯特·瓦格特的作品。

1. 我的作品中大多都有一个中心人物。这里我已经完成了中心人物的细节刻画，草稿与终稿大小一致。草稿的大小很重要，因为在作画过程中，我将用到拼贴法，在插画创作过程中手工添加照片和杂志图片，因此它们大小应该相一致。

2. 下一步是确定画面构图。我从杂志、新闻以及街头任何稍为怪异的事物中获得灵感。滑稽和诙谐是我作品的基本元素，所以我的人物大多都是自得其乐的。在这张插画中，众人正帮中心人物穿戴。

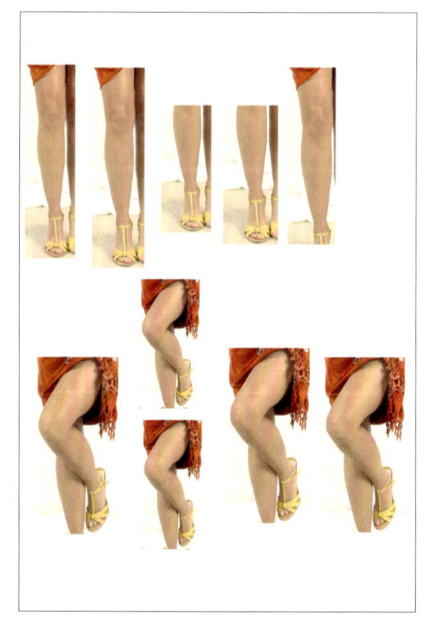

3. 我在工作室里选出和摆出与画中人物类似姿势的女模。我拍下很多照片，以建起庞大的资料信息，作为照片集成创作的基础。这些照片被剪下一部分贴到画中。

第四章 名家指导

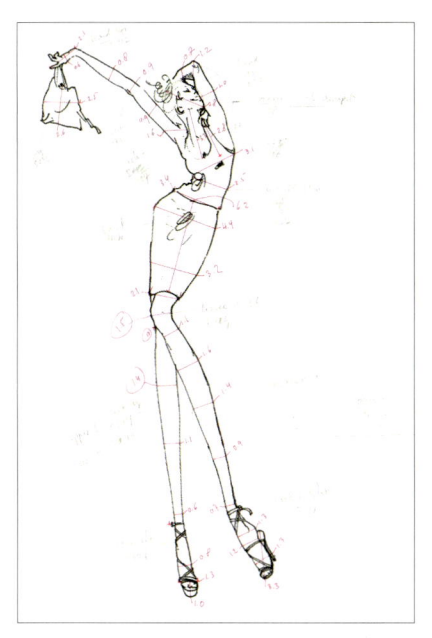

4. 接着我把人物进行分割，确定哪些照片将用于剪辑。我把人物轮廓画放于灯箱上，然后在照片上准确画出分割部分的形状，把它剪下，贴到插画纸面。

5. 重复这个步骤，把从杂志收集的图片一一用上。例如，如果我找不到合适的裙子面料照片，我会另找杂志的图片，剪下贴到画中。这一环节中所有操作都是手工完成的，而不是一些人以为的数码制作。

6. 当我对照片的剪辑合成满意后，我扫描它，在Adobe Photoshop软件中打开文件。

7. 我对画中模特穿着的服装不完全满意。这一步我扫描了另一件服装，用Adobe Photoshop试穿它。

8. 然后我画背景人物的大样图，再扫描。

9. 用Photoshop给背景人物填上绿色，调整人物位置，使他们环绕在照片集成人物周围。成图的剪边经平滑化处理，去除了铅笔痕迹，再添加有色背景才最终完成（见下页）。

107

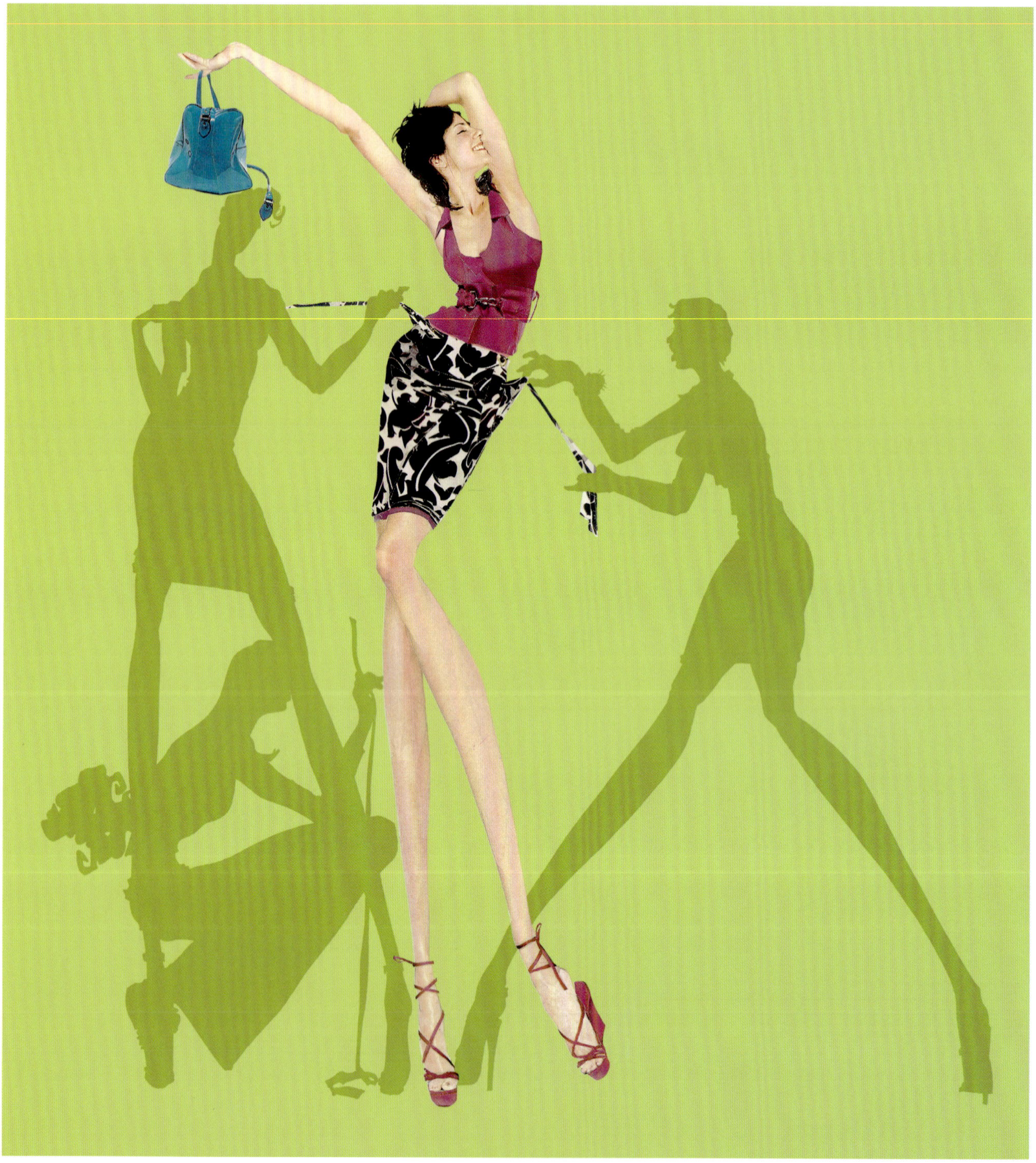

第四章 名家指导

素描画：埃德温娜·怀特

埃德温娜·怀特生长于澳大利亚，并在悉尼科技大学攻读视觉传播。她刊登在 ID、Print、Vogue 等国际性出版物的插画作品，使她的艺术生涯登上高峰。

在本篇名家指导中，将介绍怀特如何在纸上创作一组素描并由《纽约时报》格调分栏的芭芭拉·里切尔（Barbara Richer）经美工修饰融为一体用做一篇报导的插画。怀特讲述了这项工作的展开，从最初的逐个草图到以整版形式刊出——从此她的电话就停不下来了！

可于第54、第66页以及第198、第199页查看更多埃德温娜·怀特的作品。

www.edwinawhite.com
fiftytwopickup@gmail.com

1. 我接到我的代理人的电话。当时我正在迈阿密度假，当时她问我愿不愿意给《纽约时报》的分栏制作封面。我当然说好。

通常我会事先获得报刊副本，不过对于报纸而言，作者都是直到最后一刻才交稿，最初宣称的内容与最终印刷的差异很大。因此，美工师芭芭拉·里切尔对我说："这是本版头条文章，在制作草图的时候，你能不能考虑制成方形构图，然后我尽可能快地用它做出版面设计，你也可以根据需要调整宽高。这一步的设计当然比最终成品简单得多，尽管它是'发生在酒店套房'的一些事。"

以下是编辑的文章介绍：

"这是一个关于'奢侈为耻'的现象的故事。很多人认为，在这个艰难的经济形势下，许多人经济拮据，这时候再被人看到从内曼·马库斯那样的精品店提着巨大的购物袋离开，容易遭人非议。即便如此，有些女性在经济不景气时，仍无法克制对奢侈品的消费欲。其中一些人便秘密地购物——在酒店套房、友人公寓或网络举办的购物活动中购物，这样她们就可以随心所欲地消费而不被知晓（或者只被同路人知道）。她们希望自己购物时不被审视。"

我即刻开始思考如何画草稿。

109

2. 芭芭拉·里切尔又写来一封信："我刚与格调分栏主编商谈了，他设想了一个人刚从某处走出，对着狗仔记者阻止说 '请不要拍照！'的形象。我则设想了不同的东西——几个领子竖起、穿着风衣、戴大太阳眼镜的年轻妇女溜进商店。还有，既然该版页面下方没有条形广告，而且这应是一组充分展现我们创造力的作品，我想我们可以设计一组人，从页面下方延伸往上，把文章分割为几个区块。或者让他们溜进什么地方后，再带着大包小包露出来。"

3. 我以电子邮件回复了两张经编辑的草图，并附上以下说明：

"在附件中我发了一系列人物形象，你可用这些姿态各异的疯狂购物者来划分版面。多数人我都画以购物袋和悬吊的大标签。我设想的是这些大的悬吊标签、鞋盒和购物袋就像舞台道具，可以点缀画面。这些妇女大多戴着墨镜，或用手挡头。

"第一个人物是个小伙子，因为有一篇是关于十款基本款男士服装的文章。请仔细查看。我希望你可以排好他们的位置，接下来我可以添加更多道具元素。

"我可以在购物袋、挂牌和信用卡上加上奢侈品牌标志。

"选择香奈尔、路易·威登、克里斯提·鲁布托或古琦，还是DVF、巴黎世家、朗万？这由你们来决定。希望我的思路是对的，这是目前比较能变通的方式。"

110

第四章 名家指导

4. 编辑开会后，美工师选出了所需的素描画，并在仿页面排版中排好人物布局。

微调人物后，我必须给它们穿上最新潮的服装，因为时装媒体，特别是报纸都紧跟潮流。因此，在这一步中我需要进一步研究。用Google搜索最新的奢侈手袋、裙装、外套及太阳镜潮流，了解诸如香奈儿、路易·威登、爱马仕、普拉达、亚历山大·麦奎因等品牌的最新产品，并快速浏览Vogue杂志广告。

5. 铅笔画作品被画到报纸上，这是一种昏黄暖色调的废旧纸，它适合表现肤色。接下来我根据搜集得到的素材，给人物的服装面料和商标上色，采用了铅笔和墨染。我传给芭芭拉第一个人物，附上以下说明："遮挡严实的女士没穿名牌衣服，但戴着爱马仕围巾，手上分别拿着巴宝莉、YSL和香奈儿的购物袋。"

设计得到肯定后，我知道我的思路没错，因此我继续绘画、扫描并发出第二个人物："此人穿着亚历山大·麦奎因服装，拿着爱马仕包，还有迪奥和路易·威登的购物袋。"

接下来是："这个人穿了一件类似玛尼的衣服，拿着马克·雅可布斯和古琦的购物袋。"

我按步骤发送这些人物，因为《纽约时报》的编辑过程十分严谨，准确度要求极高。时尚媒体非常专业与考究。

"这个则拿着爱马仕和普拉达的购物袋，手执白金卡，穿着普拉达的蕾丝打底裤。"

111

6. 所有图片都被插入页面且被认可,除了照相记者的形象需要我再进行调整。

接下来我编辑了背景色,把人物衬托出来。这一工序是在Photoshop里完成的,用工具选中并删除人物以外的部分。

芭芭拉把人物形象排进版面,稿件完成后加上,在第二天的报纸中印刷刊出。我的手机从上午九点开始不停地响。它太成功了!

不过当时我正在休假,记得吗?

Photoshop软件：汤姆·巴格肖

汤姆·巴格肖是来自英国的插画家，虽然就读了平面设计院校，但他更多靠自学成才。他的网上作品集档案很好地体现了"百炼成钢"这句话，他的博客展示了他的工作与私人活动，深具启发意义。如果你正对数码插画技术和构图难以上手的话，巴格肖的博客可能为你指明出路。他的博客信息齐全、创意十足。

这篇延伸指导展现了他的数码绘画才华，介绍了多数采用Adobe Photoshop作画的过程。他详细诠释了创造高精度时装画的步骤。他的画面风格结合了传统绘画样式、时装摄影感觉和平面设计元素。

www.mostlywanted.com
tom@mostlywanted.com

可于第39、第51页以及第158、第159页查看更多汤姆·巴格肖的作品。

1. 首先，我在Photoshop中创建一个新的文档，打印分辨率设为A4大小，每边留出3mm。背景图层设置为50%灰度，以便在后续工作中保持中间色调。接下来开始我的步骤。我把文档分为三个部分，大致分出我所进行的全部工作。我不总是遵循这种步骤，不过它可以帮助我更好地构图。我的草图初稿是用彩绘精灵（ArtRage）完成的。你可以用任何你喜欢的方式完成草图，不管是数码作画还是临摹。只需把草图加入文档，另生成一个图层，在混合模式中选择"正片叠底"模式，这样白色区域就不显示，只出现你所画的铅笔或钢笔线条。

2. 我想要给这幅作品配一种带纹理的背景效果，所以我再次使用彩绘精灵（ArtRage），在粗糙带纹理的石膏效果和油画布效果上添上稠油，绘制的"画布"展示出丰富的纹理和色彩效果。觉得满意以后，我再把该文件加进Photoshop，放于草图下面的一个图层中。这一步骤用Photoshop完成的话非常简单，可运用扫描的纹理图或"已收藏图片"，或者在另一图层运用画笔工具涂抹也可，它取决于个人爱好。

3. 现在的背景仍较死板，因此，要创作更令人满意的背景，需新建一个色相饱和度调节图层去除一些蓝色。我添加了由白至透明的渐变色，设置柔光混合模式。调低不透明度以显现下层的部分纹理。最后新建图层，运用渐变工具，在人物背后形成光环。我把这个图层也设为柔光模式，并降低不透明度，直至达到我满意的效果。

113

4. 我转到Painter软件完成模特的肤色，用"油画笔"完成头部和部分头发的绘画。你也可用Photoshop完成，不过我喜欢Painter处理绘画色调混合的能力，特别是肤色，所以我用它来完成肤色的绘画。效果满意后，我回到Photoshop中，因为Painter也能方便地处理psd文件。回到Photoshop后，我用普通"画笔工具"完成头发，再用淡色"喷枪"给肤色加以润色。

5. 接下来是一个小步骤，只是加些修饰，添加了沿模特脸颊下垂发丝的阴影。我在她的眼影处做了点"液滴"效果，并在头发图层下添加"液滴"和"绘画水滴"效果，连接头发和肩膀、脖子的层次。

这些都是平常的绘画方式，你可以用扫描的图画自行制作，也可以从网上找寻合适的画笔模式。

6. 我运用钢笔工具来制作手臂和腿的矢量路径。接着打开路径面板，保存工作路径。我选择"硬边线"、"圆头画笔"，调整粗细，直至调为钢笔线条。我点击"D"，把颜色调回默认值，创建新图层，然后切换到"箭头工具"（A）。接下来我选中"我的路径"并右键单击。在"内容"菜单中点击"描边路径"，它会弹出一个对话框，显示各种描边工具，我从中选择一种描边方式。选择"画笔工具"时，电脑将以最近一次的画笔应用和前景色来描绘路径，所以你需要事前选好"画笔"方式。通过查看对话框，可以调整"画笔"压力，不过在这个实例中，我没有进行调整，而是使用了平滑如一的线条。

7. 为了制作裙子的花纹，我打算运用所收藏的一些花的图片，设计出轮廓突出的海报/丝网印刷效果。它会有些费时，但效果不错。有一些滤镜工具也可以实现类似效果，不过我更喜欢这样做。你的图片越大越好。用大图片工作后再将其缩小，远比小图片放大以适应更大的版面来得简单。我另外创建一个A4、300dpi的文档，这样就能以和最终作品相同的分辨率来设计花式。

8. 我再次选用"钢笔工具"围绕花朵画路径。这个操作可能要花费一些时间，不过我最后可完成花朵矢量轮廓。我选中"路径"并右键单击，会出现一个"创建矢量蒙版"选项。它能够以无损伤的方式去除无关图像，在画面中创造清晰分明的轮廓线。

9. 我把该图层仍置于激活状态，在上面新建"阈值调整图层"，用来转化下面的图像，将之调为纯黑白图片。左右移动滑键，可以减少或增加阴影面积，并加强图像数据。反复试验后才可了解怎样最好。调至中值，单击确定。

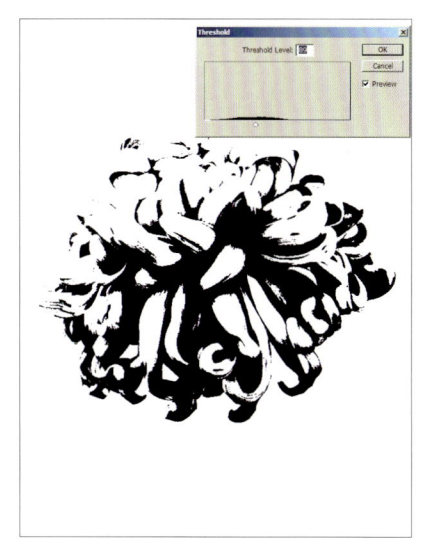

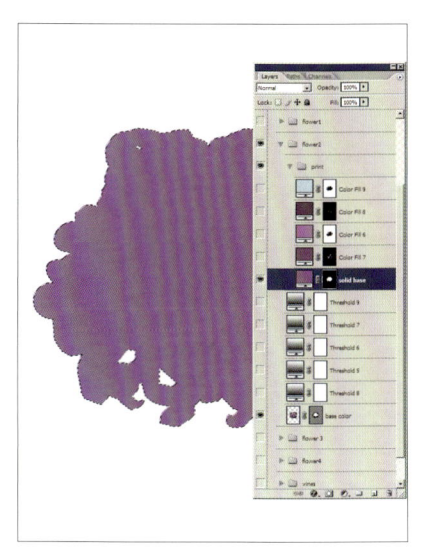

10. 为获得理想的效果，我需要新建多个阈值图层，每个图层的阈值水平有所不同。实际上，我们是在Photoshop中复现基本的丝网印刷技术。完成一个阈值图层操作后，取消显示图层，并在阈值水平不同的另一调整图层中重复相同的操作。

11. 所有阈值图层完成后，从中新建选取范围。显示置于添加蒙板的花朵图层上的一个阈值图层。点击"通道"面板，查看通道信息。你会看到四条通道：RGB值和另外三条通道构成通道信息。按住Ctrl键，单击蓝色通道的缩略图，从该通道新建选取范围。

12. 回到图层面板，再点击"创建一个新填充或调整图层"图标，选择"纯色"。由于规定了选取范围，创建的可编辑颜色图层能在范围内进行编辑。在颜色填充图层下添加新的基底图层，调节其色调，使其上面的图层正确显示。

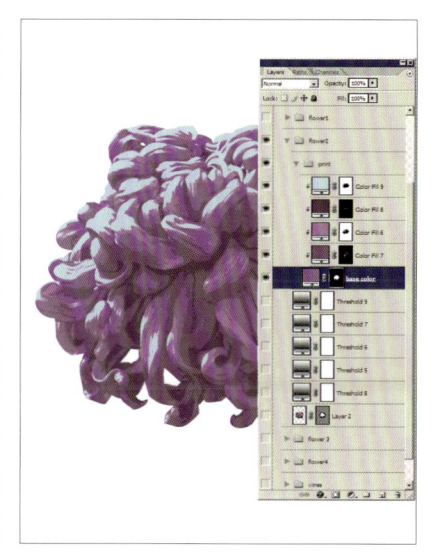

13. 继续选中基底层，把光标置于它和上一图层之间，按下Alt键，注意光标的变化，它代表你即将开始创建剪贴蒙板。点击后，图层移动至与下一图层连接。以相同方式做其他图层。可能还需要反相图层蒙板或改变图层顺序，不过你仍需按照类似以上操作的步骤完成。

14. 完成所选花朵图的操作后，我把每朵花分别放置为一个图层组。选中后，我可以根据需要移动或放大、缩小这一组。我分别移动这些花朵，构造满意的版式，然后取消了花朵以外的所有能见元素（包括白色背景图层）。我按Ctrl+A选中画布上的所有元素，再按住Ctrl+Shift+C把所有可见元素复制到剪贴板。

15. 我回到原图文档，在头发和肤色下新建一个新图层组，加入一个新图层。从这里开始，我可以按Ctrl+V键将花朵图案粘贴进来，随意改变花纹，达到与构图的完美融合。接着使用"套索工具"（L），画出裙子的形状，花纹图层继续处于激活状态，点击图层调板的蒙板图标，隐藏不需要的部分。

16. 现在的花纹太亮，所以我选中花朵图层，新建一个色相/饱和度调整图层。我按下Alt键，点击花朵图层和其上的调整图层的分界线，创建剪贴蒙版，这样新建的色相/饱和度调整图层便只作用于其下方的花朵图层。我双击调整图层的小图并开始设置，把饱和度调至令人满意的程度。

17. 为了创造裙子逼真的衣纹效果，我隐藏了花朵图层（也关闭剪贴蒙版），在已隐藏的调整图层之上创建一个新的图层。用画出的草图作参考，我用"像素柔化画笔"工具画出几道衣纹。我用了抢眼的翠绿色，不过颜色并不重要，只需要形状。效果满意之后，按"/"键，锁定透明像素。

18. 现在该图层的透明像素被锁定，可以从裙子中选取紫色绘制衣纹了。我把该图层设为"滤色"，不透明度设为90%。为了擦去裙子轮廓外的画笔描边，我用与花纹图层相同的形状添加了图层蒙版。按Ctrl并点击花纹图层的蒙版图标，选中裙子的形状，同时衣纹图层仍处于激活状态，我点击图层调板正方的"新建矢量蒙版"图标。

19. 为了在袖角增加一些形状，我创建了一个新图层，再用"喷溅画笔"描边，使用取自头发的棕色，在这块区域附近浅浅地喷绘。我降低不透明度，把混合模式设为"正片叠底"，再以裙子的同样形状加以遮罩。这个操作也有加深印花图案上部的效果，不透明度的设置使印花上部分与头发颜色相接近。

20. 再接着画手臂和腿，可以采用与裙子类似的方法。以手臂为例，我采用了新图层，用"纹理画笔"，画出一定色调并上色，使用线条操作中已保存的工作路径，新建手臂的选取范围，并创建图层蒙版，重新设定所需的混合模式及不透明度。要想在蒙版中添加画笔描边，以去除或提亮手臂的某些部分，需确定蒙板选项被打开，使用黑色在需要加强的地方绘画。

最后一步：
添加一些小细节，例如太阳和抽象的形状。复制用在裙子花纹上的花朵图案并加进图中。给头发图层添加蒙板，并以"喷枪"轻绘。最后全选所有可见元素，粘贴于顶层图层，再使用一些"高斯噪点"滤镜效果，并使之渐渐变淡。保存最终的多图层文件，然后存储为高分辨率jpg文件，或存储为tif拼合文件以便于发送。

第四章 名家指导

墨水：艾米莉·赫格特

艾米莉·赫格特在斯德哥尔摩设计艺术学校学习艺术，并在伦敦中央圣马丁艺术与设计学院继续深造。她浓墨重彩的涂鸦式墨汁与水彩画受到Mac化妆品、歌迪梵巧克力、布鲁明戴尔百货、翁贝托美发品牌和意大利版 *Vogue* 的青睐。

在本节名家指导中，艾米莉讲述了如何控制墨汁泼洒的自然效果和渗透式水墨的扩散来创造一张漂亮的时装画的过程。她最后用Photoshop添加了背景，完成这幅极具诱惑力的作品。

www.trafficnyc.com
www.darlingmanagement.com
ameliehegardt@gmail.com

可于第69页以及第190、第191页查看更多艾米莉·赫格特的作品。

1. 翻看时装杂志有利于获取灵感。随笔勾画不同的姿势，能表现出你想通过人物模特要表达的内容。我对身体语言一直很有兴趣，包括模特的动作及其与相机间的交流。虽然我尚未意识到自己的身体语言，但姿势往往反应了我那一天的情绪。这张插画里，我看见的是一个自我保护状态的女子，她施展某些女性特有的魅力，纤弱中带有猜疑。她的肩膀向内耸起，看起来像一只猫对待讨厌但又不恐惧的事物的方式。

2. 我用石墨在纸上画草图。为了增加该画的立体感，我还在肩膀处用了蜡笔。蜡笔与渲染式水墨的运用是我的标志性手法。开始作画时我主要使用蜡笔，没有什么特别的原因，只因为从我开始创作插画起它就跟随着我。我喜欢晕染的墨水和脏污感的反差。能够应用水性颜料的纸张有很多。我在艺术院校时学过把纸张放入水中后再贴到画板上，不过我偏爱纸张遇水"膨起"的效果。通常，插画被扫描后，这样的效果就呈现不出了，它只能呈现在原始实图里，供我自己欣赏。

3. 我用画笔蘸墨水来创作背景。我对画笔的选用非常随意。通常我直接拿起离我最近的那只笔刷，它可能还未被颜料充分蘸湿。有时候我则使用从北京买回的用于写字的毛笔，或只是一般的画笔。这都是随机的，取决于我桌上的杂乱程度。在我作画的时候，桌上通常是一团杂乱，所以我不会去选择用什么笔。

接着我用细头画笔完善鞋、手等细节。查看最新的时装展示会，运用你喜欢的或认为适合人物的饰品。

我的灵感来自杜嘉班纳2009年秋季时装发布会，我注意到一双女人味十足的鞋子、搭配的手套和一个女式手包。这一过程中没有明确的设想，只是随兴所致。我想你只需要倾听自己的感受。

4. 我用极细的画笔来完成脸部表情。完成眼睛和眉毛后,接着我用蜡笔画腮红。我根据自己喜欢用的颜色来作画,通常用粉色或红色。这里不用笔刷。通常是在这时候,我发现这个女孩不是我想要的,于是我会考虑是否继续画下去还是更换新的主题。

5. 确定以上问题后,我用墨水和水画她的裙子。我大多会尝试某种绘画方式。我确定墨水和水不会干,这样我可以把颜色抹开,而不是逐一上色。它就像煮汤一样,也是很随意的。画错了,就把画扔了,再重画一张图。

6. 我描绘饰品,并决定适合人物的颜色。我选了水彩中的光谱红,并用极细的画笔。她的手套我用了黑墨水,也用了极细画笔。你的手必须要稳。因为都是一笔确定的。我想让鞋和手包与她抹红的脸相协调。我喜欢使这种浓烈的女性化颜色与她周围墨水画的深色云团形成反差。如果没有限制,我会只用黑色和红色。

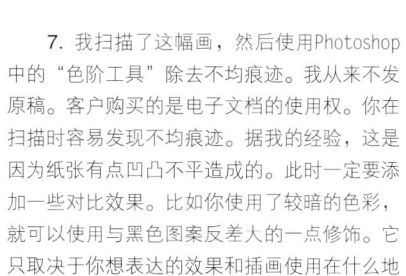

7. 我扫描了这幅画,然后使用Photoshop中的"色阶工具"除去不均痕迹。我从来不发原稿。客户购买的是电子文档的使用权。你在扫描时容易发现不均痕迹。据我的经验,这是因为纸张有点凹凸不平造成的。此时一定要添加一些对比效果。比如你使用了较暗的色彩,就可以使用与黑色图案反差大的一点修饰。它只取决于你想表达的效果和插画使用在什么地方。如果你需要改变任何颜色,则使用色相/饱和度选项。在这幅画中,我用Photoshop加上了一些背景图案。我把最终的图画加入选定的背景图层,完成后再拼合图层。

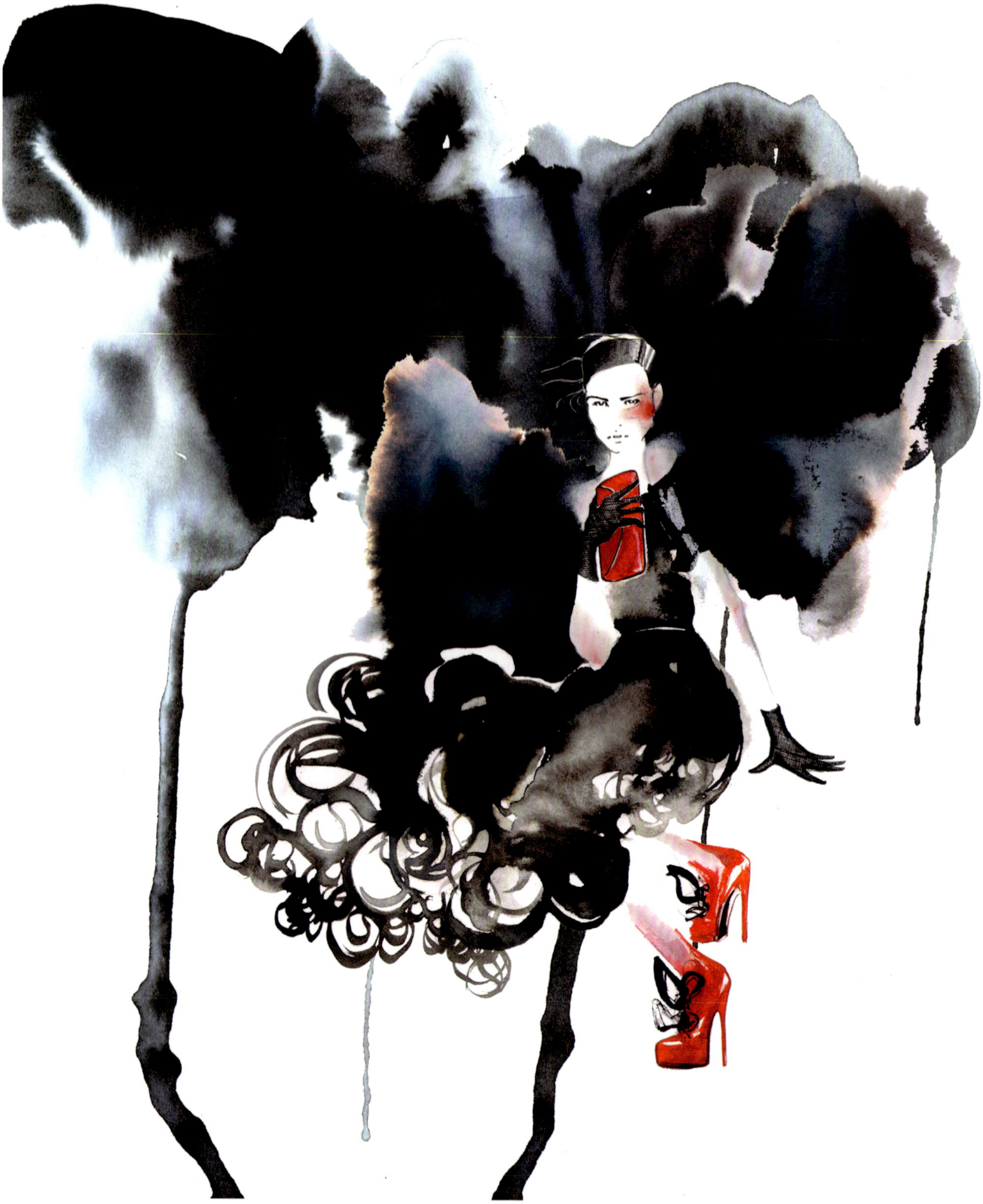

第五章 时装设计的表现

无论在学习和工作中，一名时装设计师都需致力于展现自己的设计理念、技术设计图、情绪收集板和时装宣传画。本章将探讨如何将最初灵感与草稿运用于原创设计并创建作品系列，将教给读者在不局限自己艺术才能的同时，专业化地呈现自己的构思，并形成独有的艺术表现方式，以满足特定客户或市场的需求。

本章内容着重于讲述专业及美术院校毕业的时装设计师向行业或购买群体表现其理念的方式。在案例分析板块，将讨论诸如索菲·休姆（Sophie Hulme）、巴隆盖诺·特雷弗（Bolongaro Trevor）、伊本·赫依和克雷格·费洛斯（Craig Fellows）等时装品牌实例。

情绪收集板和作品集展示

在工作初始时建立情绪收集板，对管理你的研究收集极有好处。对于设计一套作品，通过陈列对创作过程有影响的各类图像、面料、色彩等，将有助于风格和主题的形成。有效的情绪收集板能够给予观者清晰的整体观感并了解你的设计方向。情绪收集板也能变为一个故事板、一个概念板。

首先，把研究收集的材料摆开，决定哪个或哪些图片最能表达你设计理念的情感或主旨。这些图片可以是写生簿的复印图、杂志剪图或照片等。如果选用的材料超过一张图片，则其色彩、样式和主旨之间必须有所关联。所有运用的图片必须反映相近的情节。

注意所选图片的主色。整个作品的色彩应用要保持一致，在整理你的情绪收集板时要考虑色彩。选定色彩搭配后，考虑如何创造性地表现它。可以剪出颜料试卡，用线绕缠卡纸，或给样图上色。应减少使用色彩的总数，否则收集板会显得杂乱无章。

面料样品必须在色彩和主旨方面与图片相得益彰。这些样本的运用同样也需考量。布边杂乱、参差和磨损会毁坏你的情绪收集板。框好面料，使其伸展并包覆在卡纸上，或者仔细缝好布边。所有纺织样品，包括绣品或布料，都要用这样的方式处理。如果你要在情绪收集板上加文字，则应尽量避免手写，除非字迹很漂亮，否则只会使情绪收集板显得"业余"。可使用电脑或者Letratone打印出文字。下一个步骤是设计情绪收集板版式，使其最大限度地发挥作用。可以做一些简易的草图，确定怎么能最好地安排各种元素，并决定要使用的衬板和背纸的颜色。在建立情绪收集板过程中所做的决定，在作画时亦可以应用，你实际上是先演示了设计重点。

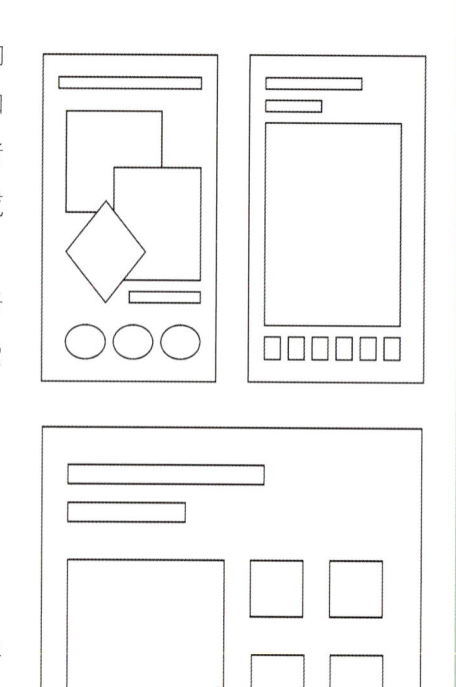

上图
情绪收集板可以采用的版式示意图。在把各种元素固定到适当位置前，先想好自己的设计思路，采用示意图上的形状分别表现情绪收集板中的元素。例如，方框代表配色板，较大的长方形则是表示作品情感和主旨的标志性画面。所需的物品包括：纸板、标志性画面（一张或多张）、背纸、发泡板、雾状喷胶、裁剪工具、色样、面料小样和文字（包含标题和季节）。

下页图
索菲娅·本特利·汤（Sophia Bentley Tonge）毕业于诺丁汉特伦特大学，她这样讲述为Fashion Awareness Direct比赛而做的情绪收集板和技术设计板："摘要工作非常具体，需要陈列研究收集的部分。我们被要求设计两套空中乘务人员制服，并要关注旅游、商业航空、20世纪60年代的空中小姐和飞机。在这个项目中，我的灵感来自航班安全卡。我把我的方案命名为"紧急迫降"，并收集了飞机迫降在海上时所需要的求生应急设备。我用钢笔或圆珠笔完成简易图画，表达自己的原始构思。然后我在我的涂鸦本上创建这个情绪收集板，再扫描它。这个板块中包括了一位空姐素描，之后在我的时装设计中，它便是轮廓模版。"

第五章 时装设计的表现

设计草图与创建作品系列

时装设计师会将一系列相关联的构思应用于时装系列中。虽然一件时装只是整套系列的组成部分，但一个时装系列总有相同的元素，例如色彩、面料、款式，当摆放在一起时，它们便构成了一个整体系列。当T台上展示着一个时装系列时，人们总是惊叹时装设计师是如何制作出了这么多全新的时装，他们纸上的构思如何演变为时装秀中的灯光焦点？完成一个系列又需要多少个设计？此外，设计师们又是如何表达时装系列的内涵？这些问题其实都可以很简单地回答：只需"用心设计"。

设计的第一个环节是深入分析设计的主题，了解设计所面向的对象，确定目标市场和消费者特征。提出问题，例如谁可能穿你设计的时装——他们多大，是男是女？预算和目标价位确定为多少？

案例分析：索菲·休姆

2007年，索菲·休姆以年度优秀学生和荣获最佳时装系列奖的荣誉毕业于英国金斯顿大学。外界对其毕业作品系列兴趣浓厚，但一个月后，她便成立了自己的品牌。她在伦敦北区长大，现在也在位于该区的工作室工作。

她的想法是设计铠甲式的女装：结合传统军装与高档时装的细节设计创造而成。成品并非军装或实用性服装那样的感觉，而是风格奢华并带有硬朗的剪裁。男装化的效果和硬朗的细节设计使女装作品多了一份坚毅的感觉。这一系列中的许多服装作品也作为男装销售。

该品牌这种独特的方式和风格很快引起了关注。《每日电讯报》把她称为"伦敦最聪明的天才之一"。索菲·休姆品牌时装系列向全球商店供货，包括伦敦塞尔弗里奇百货公司、希腊贝蒂娜商店、韩国Space Mue商店、贝鲁特Plum Concept商店、中国香港Kniq潮流时装店、日本中西潮流时装店。

联系方式：
www.sophiehulme.com
info@sophiehulme.com

公关联系：
katie@cubecompany.com
sarah@cubecompany.com

下页图

设计师们会采用多种方式快速记下他们的构思。有一些人会在人体图上画时装，而另一些人则直接快速地把时装画在纸上。图中的例子说明，设计师索菲·休姆采取了后者。她使用尖细铅笔和设计图板，在生活中抓住她的构思。索菲在作画的同时，会把时装构造细节、饰边、形态等记录下来。这样，当她回看自己的设计时，就能得到她对时装系列思考的准确记录。详细的设计草图同样可以创建一个连贯性的系列。

第五章 时装设计的表现

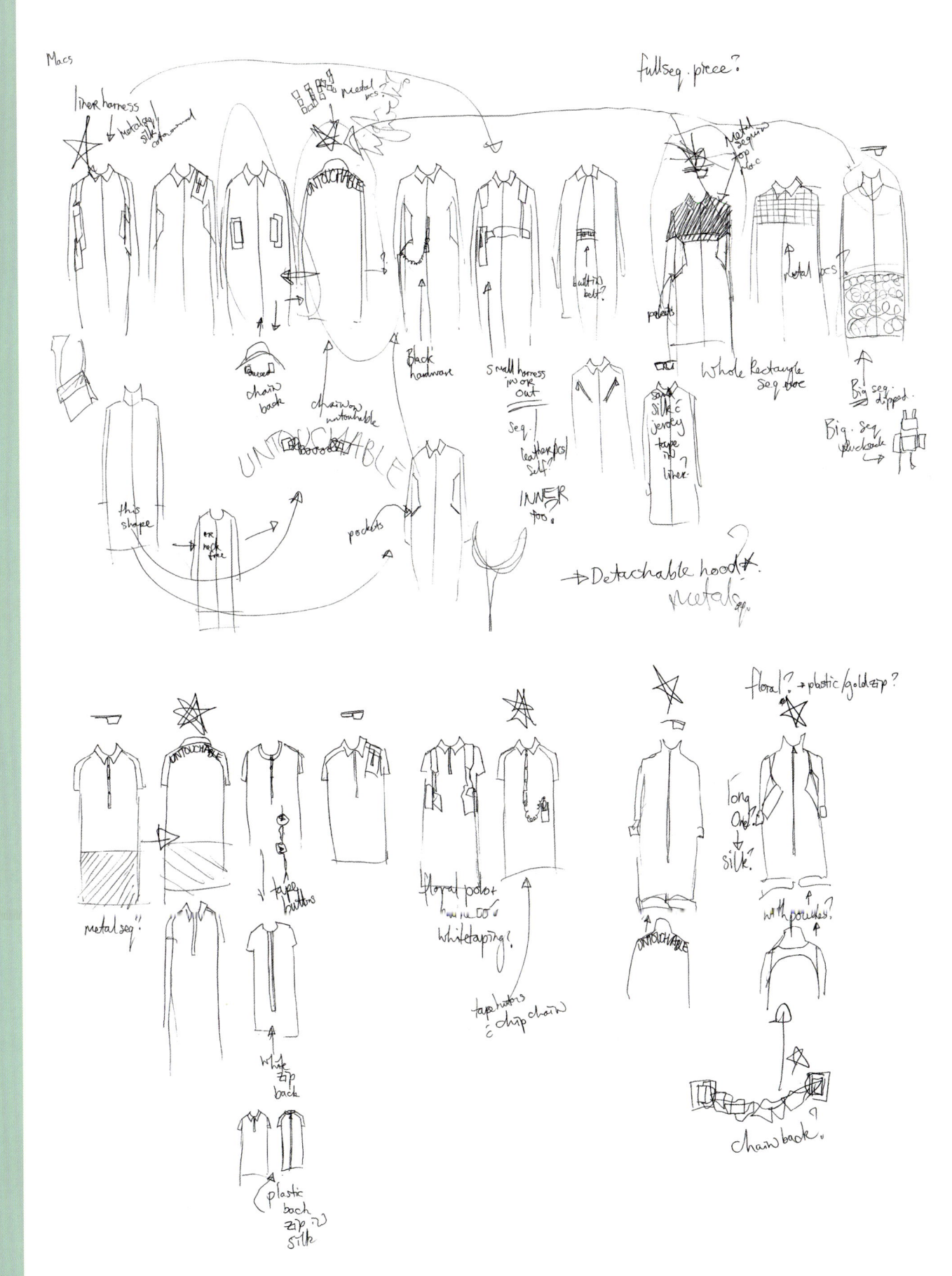

它是高级时装还是商业街商店的系列时装？你要制作便服系列还是正装？这一系列将用于哪个季节？只有搞清楚以上所有问题，你才能够开始设计。

开始设计时装系列时，不要遗忘前几章学习的课程。从寻找灵感来源开始，并在写生簿上提炼构思，往往能找出时装系列的题材。这些基础工作是时装设计师画底稿的起点。在设计行业中，这种底稿就是熟知的"设计草图"。在纸上记录你的构思过程时，不必考虑是否尽善尽美，只需让自己的构思悠游其上。在这一环节中，一定要对草图的作画拥有自信，不要担心出现错误或糟糕的设计，但是必须记住正确的人体比例。这样你才最有可能进行创造性的设计。

有些设计师会运用模版（参见第48、第49页），在人体图上构思作画，而有些则偏好设计平面图，直接在纸面上画出时装。找出更适合自己个人风格的方法，同时要牢记正确的人体比例。

设计草图不需精心制作，也不是完美无缺的艺术作品。在这一环节中，人物的脸和其他细节并不重要，也不必考虑完成的画面是否好看——设计草图的用途是在设计过程中辅助你。随着技术的精进，你的表现风格也得以发展。

画设计草图时，需要确定好制作时装的面料和配料。可通过逛商店和联系可邮购供货的工厂获取面料。要想寻找某种特定面料，可以上网搜寻。购买之前，一定要先看样品，检查实际面料是否符合你的喜好。在画设计草图时，附上一小块你选择的面料，观察面料和设计之间是否相辅相成，应避免单调平板的面料表现。相反地，应该立体地看待面料，思考穿在人身上时它的悬垂性和悬挂效果。另外，还要考虑需添加的装饰。比如，准备在面料上绣花或缝制，就要在设计草图上添加小样。

为了发展你的设计，可使用设计图簿。它是一种薄纸簿，方便临摹构思的轮廓。把模版放在纸下，在其上设计，可以在保有类似的轮廓模版的同时进行原创性的设计。这种方式不但节省时间，还有助于系列的开发。重复使用同一模版，有助于一个整体系列时装的设计。

在画设计草图的环节，也要开始确定应用的色彩。设计师一般会限制主色调的类别和数量，保证系列作品具备色彩的协调性和服装的搭配性。画设计草图时，你的创意可以天马行空，但所设计的色彩与形态必须有关联点。设计的重点在于时装本身，而不是人物。这一环节并不是要制作优美的时装画，而应该是把所有焦点集中在设计上。下一步是把现有设计创建为一个系列。在使时装成套

第五章 时装设计的表现

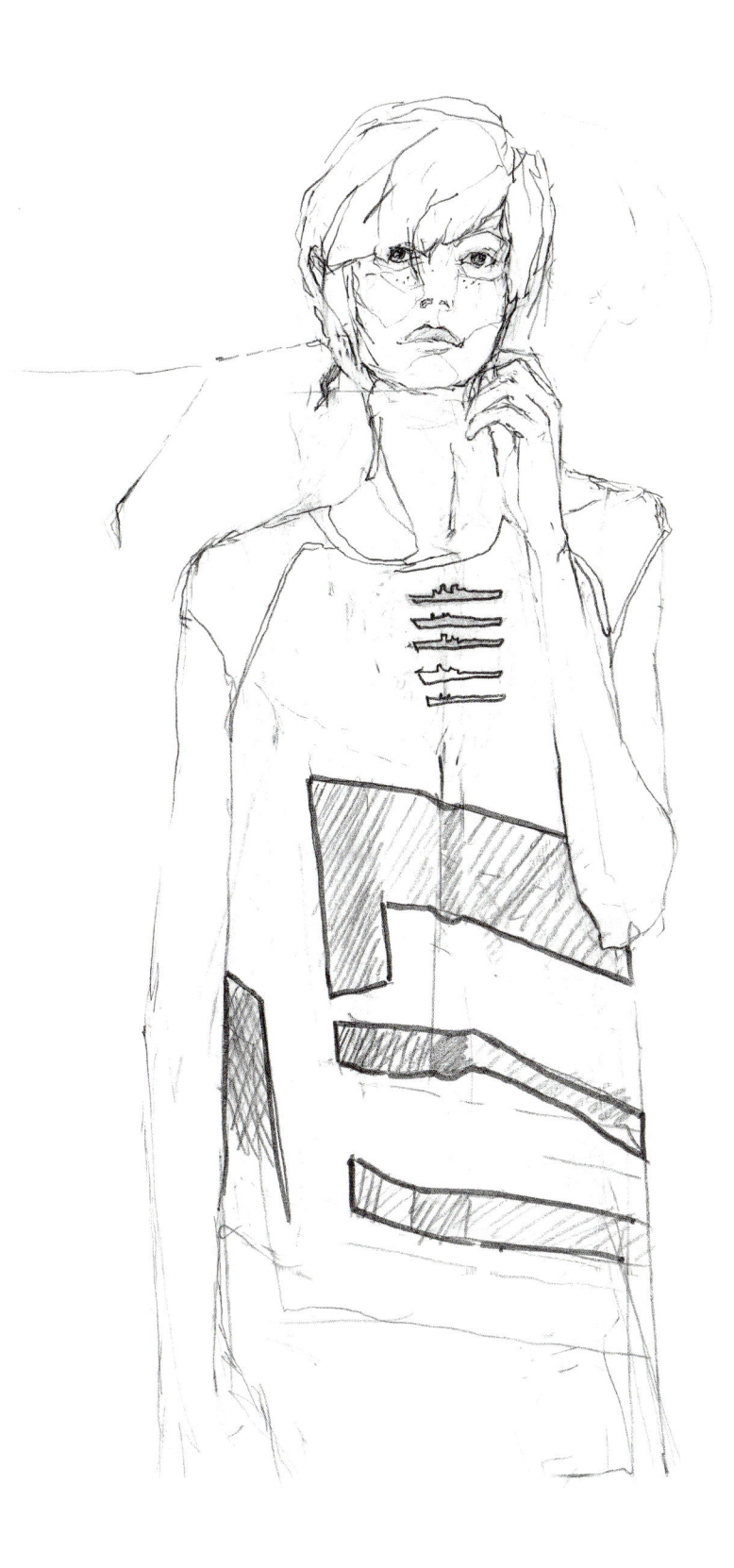

这几张图表现了索菲·休姆的原始设计草图如何变为时装人物画草图。她给人物画上带有炫目亮片的灰色汗衫，以正确表现接缝位置等。另外，索菲也画出亮片花式的摆放位置，按正确的比例画上人物所着衣服。照片所示便是2009年秋/冬季时装成品。

127

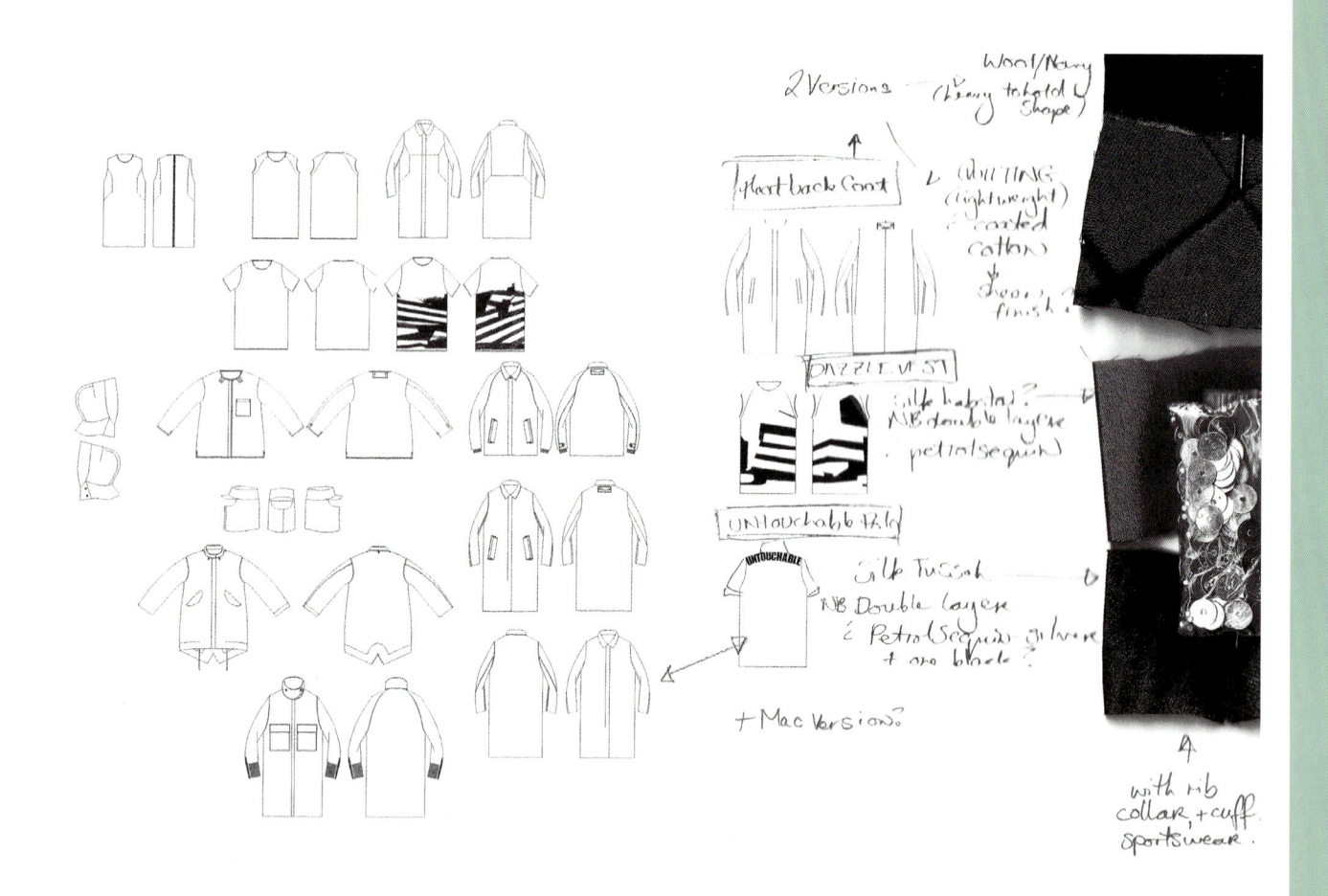

编排时，要注意所选时装有贯穿始终的共同设计主题。重复是创造一个整体系列的重要工具。例如，一组时装加入了荷叶边元素，只在每设计一件新品时改变其中的一个特征。反复尝试和设计，直到获得足够数量的成系列的时装设计作品。

选取服装创建时装系列时，最简单的方法是将所有设计草图摆开，逐套选出服装，它们应该是本就漂亮、还能与其他服装完美混搭的作品。选择时，要注意使单品如裙子、上衣、裤子、连衣裙、外衣等相配。创建一组可替换的完备的服装组合，且服装之间可以彼此搭配，才是理想的。

创建好你的系列后，把它画到纸上，才能以一个完整的系列被检视。受到系列大小的约束，你可能需要使用复印机或扫描仪缩放你的设计并把它们放到一页纸上。这时候，请充分想象如何在这一"舞台"上表现自己的时装系列，这将是你第一次讲述它们的意义。

上图

这张来自索菲·休姆设计图簿的图片表现了她的设计过程。这是为2009年秋季系列设计的服装草图，在草图的一边，她附带了可能使用的面料小样。亮片也缝于其上，作为服装的花纹样式或特征。

"UNTOUCHABLE POLO

"UNTOUCHABLE" FOUND ACROSS THE BACK OF AN ARSENAL FOOTBALL SHIRT FROM THEIR 49 UNBEATEN GAMES

第五章 时装设计的表现

129

平面结构图、款式规格图与制作指示

在绘制详细的服装规格说明图时，可以使用多种方式。平面结构图、技术图纸、款式规格图（或称为图解）都能表现一件服装。这类绘图是服装结构的二维平面图，表现服装的前、后和侧面效果，并附带技术说明。图画还应表现设计细节，例如明线、饰边、口袋等。这类绘图多与时装画搭配展示，使观者更详细地知道这样的服装视觉效果应如何制成。如果没有草图，仅靠想象是难以画出服装形状而完成一整套服装设计的。有些设计师就是采用平面方式制作设计草图的，只要他们认为，如果在工作的同时考虑技术问题的话，平面图方式比人物画方式更方便就可以。

平面结构图的绘制需整洁、清晰且准确。对于喜欢写意、画风狂野的画者而言，这种精确的绘画方式将较困难。用自己所有的衣服以及设计草图练习作画，就能增进对设计的了解。特别是练习画服装结构细节，如坐下时的裤子、立领翻边、褶皱、口袋及特殊的袖口时，更是如此。

制作平面结构图的最简便方法是先用铅笔画出服装草稿，再以黑墨水画在其上。因此，需购买三种笔尖细度不同的一套细线笔。用最粗的笔勾画服装的轮廓，中等粗细的笔画服装式样，用最细的笔突出细节。不管是在企业还是在商业中，服装的细节往往用另一种更精确的方法来表现，即俗称的款式规格图，它可精确到毫米，并详细绘制出服装的正确规格。绘图时要标注准确的尺寸，包括衬

左上图

一件巴隆盖诺·特雷弗品牌衬衫的准确款式规格图，使用了不同粗细的细线笔。该图表现了服装的尺寸。需展示正反两面效果才能正确地说明式样。

右上图

来自巴隆盖诺·特雷弗品牌2009年秋/冬系列的一件衬衫。

案例分析：巴隆盖诺·特雷弗

巴隆盖诺·特雷弗服装（Bolongaro Trevor）是由凯依特·巴隆盖诺（Kait Bolongaro）和斯图尔特·特雷弗（Stuart Trevor）共同设计的一个完整的男女装系列。这一系列在全球各地上百家商店中皆有供应，其中包括伦敦塞尔弗里奇百货公司、纽约阿特瑞姆（Atrium）商店、洛杉矶弗雷德·塞戈（Fred Segal）商店以及英国境内的许多独立商店。

特雷弗与巴隆盖诺曾经是伦敦品牌All Saints的幕后推手，该品牌于20世纪90年代成为极具代表意义的时装品牌，直至今天仍是商业街品牌的领头羊。在销售All Saints品牌及其后短暂的"为了重新坠入时尚爱河"的职业休整期间，巴隆盖诺·特雷弗品牌诞生了，并于2007年推出了它的首个服装系列。

巴隆盖诺把主要精力放于女装品牌上，用真丝雪纺裙、半结构式裁剪以及悬垂式外形等创造出雅致且具指向性的美感。男装系列则展现了具特雷弗特色的针织套衫、紧身牛仔、精致修身衬衫及皱缩装的剪裁。T恤是这一系列中销售最强劲的作品，仅三周时间便在塞尔弗里奇百货公司销售一空。

联系方式：
www.bolongarotrevor.com

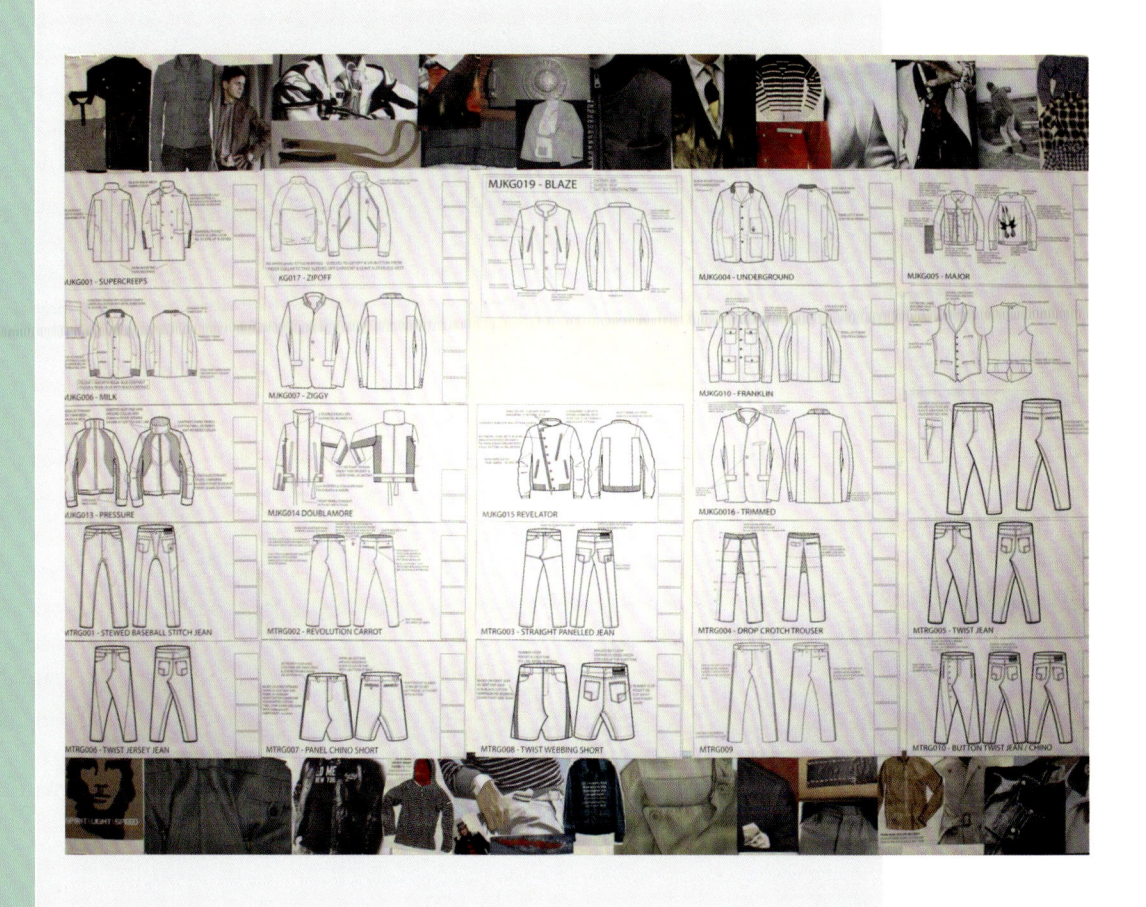

巴隆盖诺·特雷弗品牌的设计师们在其工作室中创建了一块时装系列工作区。通过把所有设计平面图贴到这里，来检视整个系列是否能够组合成一体。

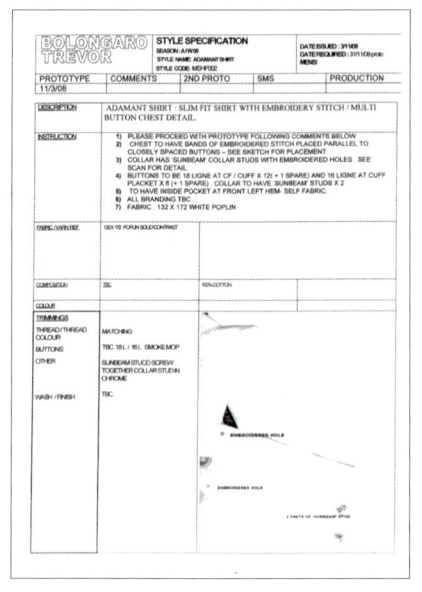

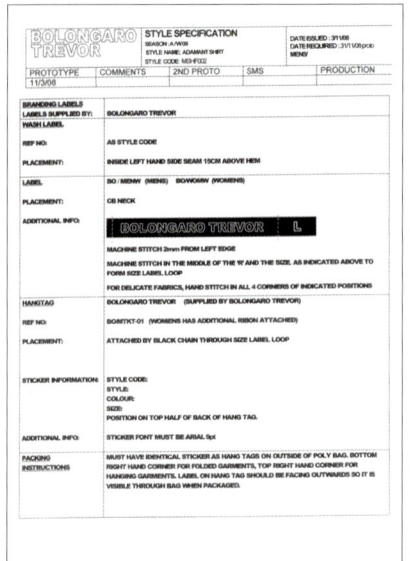

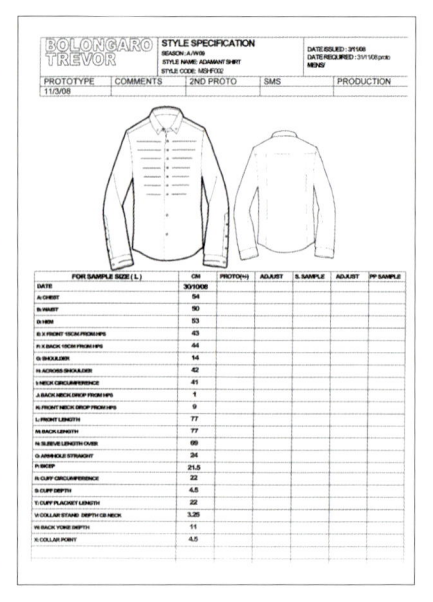

里、饰边、缝线、黏合衬和松紧带等细节。工厂所用的样品规格表（如上图与右图所示）将更详尽地说明死褶、活褶、口袋位置、图案对应、镶边、扣眼和熨烫细节等。把信息汇集到一张表上，附上详细的款式规格图，样衣师便能够根据所提供的信息生产出服装。只凭一张图画便生产一件样衣是几乎不可能的，因为需要由技师决定关系重大的服装结构，而不同设计师之间的思路可能是不同的。款式规格图确保万无一失，消除了失误的可能。同时，款式规格图对成本计算也很重要。依据规格表和款式规格图，便能够制订出制作服装所需的全部材料，同时计算生产成本。这一信息的收集大多使用CAD/CAM（计算机辅助设计和制造）系统。CAD/CAM系统超越了多数手工设计过程的速度，并更有效率地操作专业制造机械。CAD/CAM操作员要求经过特殊训练，但当服装的每个细节都被详细载入后，该服装的制作便变得简单方便，能够在全球任何地方进行加工。

上图

使用CAD/CAM软件制作的生产用样品规格表实例，根据前页的原始平面图制作，详细说明了该服装的复杂部分。

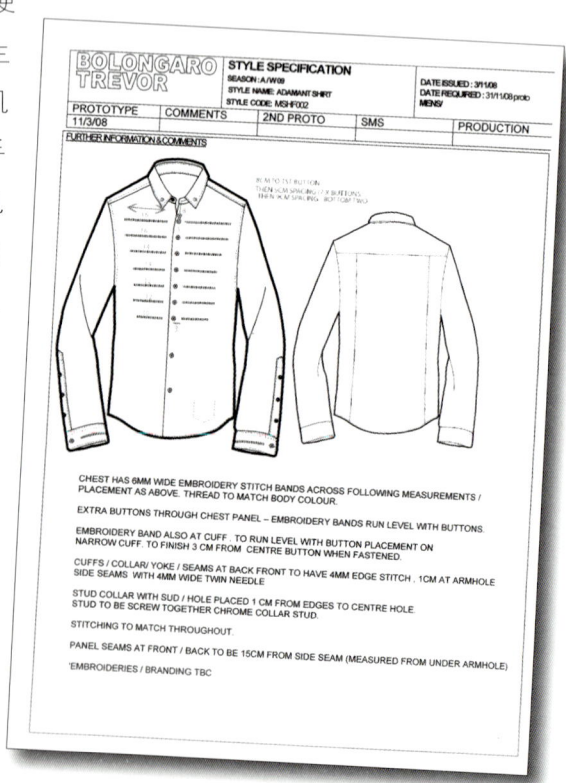

时装设计的展示

若从事服装行业中的时装设计师一职，你就需要向各种类型的公司展示你的设计。不管是向来自新商店的买手展示以卖出自己的品牌，还是向现有销售对象展示最新时装系列，其关键都在于作品的展现方法。

时装设计师有两种工作方式，或把每一季的时装系列汇制成作品集，或做成邮寄图册。针织服装设计师伊本·赫侬兼而有之。她制作了一份作品集，在时装周和贸易展上供买手取阅。本页中的她的精妙草图被转变为下页中的成品，这些成品服装置于劳拉·莱恩所作的令人激赏的插画旁边。

图册是小型的书或画册，用以表现该系列的精髓。它通常包含仅由人型模特展示的服装照片，带有编号标记参照。批发商或媒体便可从中挑选服装。一些设计师的图册是极具创意的艺术作品。这些图册是高度概括的设计师记事簿，记录了每季的时装系列。伊本·赫侬在第一章中描述了她具有丰富收藏价值的邮寄图册。

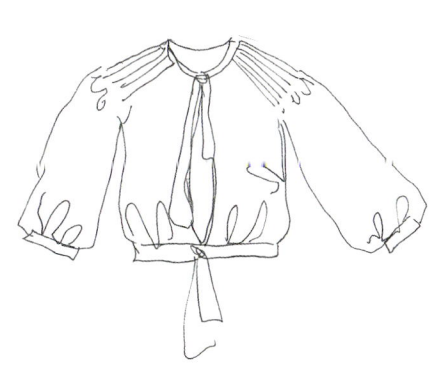

伊本·赫侬用细铅笔所画的设计草图。这里展示的这些服装被摆放在一起，以便观察它们能否构成一个系列。

左图和下图

伊本·赫侬邮寄图册中的照片和针织成品图。

案例分析：伊本·赫侬

伊本·赫侬是丹麦同名针织服装设计师于2002年成立的一家小公司。赫侬曾就读于英国布莱顿大学，攻读针织时装专业。1997年毕业后，她为一家针织服装代理商担任自由设计师，向一系列设计品牌卖出其作品，其中包括马克·雅各布斯、唐纳·卡伦和玛尼。1998~2001年间，赫侬担任丹麦时装品牌布伦·巴莎（Bruuns Bazaar）的针织服装设计师。2003年春/秋季，赫侬推出了自己的第一个时装系列。技法繁复且独一无二的针织衫，是标志性的伊本·赫侬风格，其原料来自于意大利高档纺纱厂，服装尤其注重新产品的开发、高档纤维的使用和制造奢华的悬垂效果。

赫侬产品风格多样，从最典雅的上衣及裙子，到经典的系列服装，都拥有独具匠心的细节处理和美丽的修整效果。

多年来，伊本·赫侬的针织服装拥有忠实的支持群体，他们狂热地购买她的产品。其品牌已行销于全球的专卖店及潮流商店。

联系方式：
www.ibenhoej.com
info@ibenhoej.com

第五章 时装设计的表现

劳拉·莱恩这几幅插画如此惑人心神，它们是为赫侬2009年春/秋季邮寄图册所创作的。根据提供的草图、色样和赫侬最新的针织样品，劳拉可以抓住伊本·赫侬时装系列的精髓，完全自由地创作插画。

崭露头角——毕业作品的风格

作为一个艺术设计专业的学生，在总结设计项目时，所需要的不仅是展示一幅时装画，还需在作品集中记录曾做过的设计准备。如果你用心规划的话，在整个设计过程中可以运用相同的色调、人物、工具等，从而建立最终作品的统一主题。

第一章里，我们用一些篇幅介绍了克雷格·费洛斯的几幅速写簿中的灵感采集图，它们来自他2008年的毕业作品集，名为《如公鸡般趾高气扬的母鸡，才会被邀请共进晚餐……》。本页和下页中的图片，展示了费洛斯如何通过利用一组独立于作品集外的创作而完成作品整个系列的设计过程。他对作品集细节的着力为他赢得了媒体的关注，他的服装也因此在T台上获得了巨大的成功。作为一名毕业生，作品集中具备精彩的宣传信息至关重要。费洛斯拥有无可替代的艺术风格，并延续至其专业网站及宣传文字上。

第七章将有更多建议，指导如何创作一份崭露锋芒的设计师作品集，提供关于越来越受推崇的数码作品集的有用信息。

毕业生克雷格·费洛斯在其作品集中，以简洁有力的方式排列了一个作品系列。作品集的其余部分由他自己的文字和布局设计构成，以便购买者了解他的系列。

案例分析：克雷格·费洛斯

2008年获得英国北安普顿大学时装印花纺织一等荣誉学士学位后，克雷格·费洛斯便成为时装媒体追访之对象。Vogue杂志表示，费洛斯在T台上发布了灵感来自于公鸡的印花毕业作品系列后，"田园从未如此时髦可爱"。他逗趣精怪的围巾设计灵感来自于家禽，获得了染料与色彩专家学会大奖第二名。染料与色彩专家学会始建于1884年，致力于色彩开发、体验以及在时装方面的应用。

费洛斯应用了传统的丝网印花技术，结合数码印花，表达了他在绘画与"色斑"制作上的创作热情。本书出版时，他即将完成伦敦皇家艺术学院纺织硕士学位。

联系方式：

www.craigfellows.co.uk

info@craigfellow.co.uk

下图

克雷格在其作品集中应用了一些"额外"的元素，说明他不仅善于创作，而且具备商业头脑。这组包装设计展示了他招牌式的印花与文字。他还为服装设计了吊牌。有准备的毕业生，总会给未来的雇主留下好印象。

RETAIL PRICE

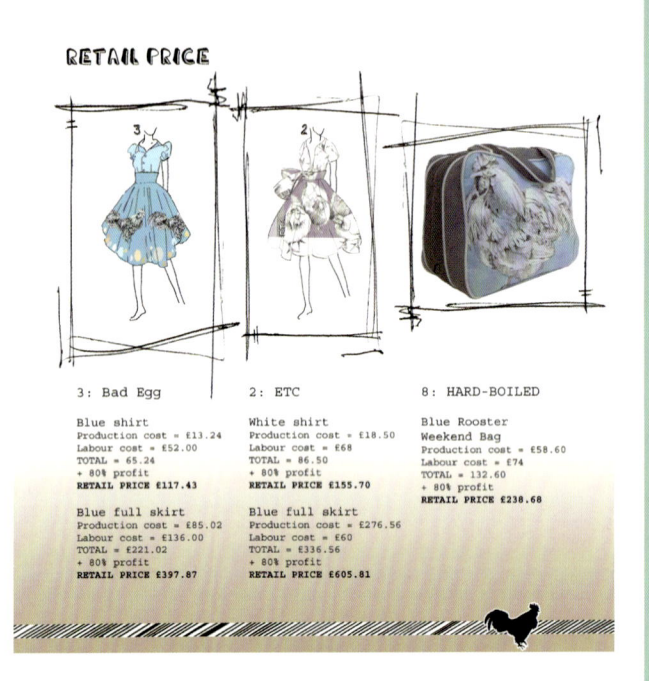

3: Bad Egg

Blue shirt
Production cost = £13.24
Labour cost = £52.00
TOTAL = 65.24
+ 80% profit
RETAIL PRICE £117.43

Blue full skirt
Production cost = £85.02
Labour cost = £136.00
TOTAL = £221.02
+ 80% profit
RETAIL PRICE £397.87

2: ETC

White shirt
Production cost = £18.50
Labour cost = £68
TOTAL = 86.50
+ 80% profit
RETAIL PRICE £155.70

Blue full skirt
Production cost = £276.56
Labour cost = £60
TOTAL = £336.56
+ 80% profit
RETAIL PRICE £605.81

8: HARD-BOILED

Blue Rooster
Weekend Bag
Production cost = £58.60
Labour cost = £74
TOTAL = 132.60
+ 80% profit
RETAIL PRICE £238.68

作品集中的一页，计算了实际设计成本。克雷格再次展现了他在商业方面的才能。

第六章 传统与当代时装画赏析

有关时装画的故事，就是一部变革的故事。仅在20世纪，插画风格就有明显的几个阶段变化，各类时装画人物形象也风行一时。不同的绘画风格不断涌现，新媒介的发展更促进了新风格的出现。时装潮流不断演变，时装人物的表现也发生了翻天覆地的变化。本章将逐一回顾过去的变革，并着重研究过往风格对如今的插画作品产生了哪些影响。

时装画的起源

几个世纪以来，艺术家从服装与面料中获取灵感。时装画家描绘最新的潮流时装，不仅宣传服装本身，还宣传服装制作者。早在17世纪中期，文塞斯劳斯·霍拉的蚀刻版画精致且富表现力，标志着时装画的起源。

到了18世纪，在欧洲、俄罗斯和北美，时装概念开始通过报纸和杂志传播。1759年，第一张被记入历史的时装插画发表于《女性杂志》(The Lady's Magazine)。进入19世纪后，随着印刷技术的进步，时装及其财富炫耀表现便从未失宠于媒体。在20世纪初的交替之际，时装画家深受诸如新艺术运动、装饰艺术运动、超现实主义等一系列艺术思潮的影响，它们对新的插画风格的形成起了决定性的作用。同一时期，马蒂斯、埃德加·德加、达利、图鲁斯·劳特累克等艺术家对他们作品中的人物穿着极为用心。他们的画作同样对时装插画的形式演变起了重要影响。

查尔斯·戴纳·吉布森 (Charles Dana Gibson) 为《时代周刊》、《生活》、Harper's Bazaar 等杂志画插图，但最广为人知的创作是《吉布森女郎》。画中人物高挑纤细，据称是以其时髦的妻子为原型所作。这个人物形象或被演化成舞台角色，或用于宣传产品，甚至还被写进歌中。女人们纷纷效仿这位"吉布森女郎"，模仿她的服饰、发型及举止，真实地反映了时装画在当时的影响力。

20世纪以前

在20世纪以前，阿方斯·穆夏（Alphonse Mucha）和查尔斯·戴纳·吉布森都以画美女成名。他们在进入新一世纪后渐负盛名，成为知名的时装画家。他们的绘画对当时的时装影响深远。

阿方斯·穆夏的海报创作充满新艺术运动的风格，线条时而涡卷，时而飘逸，时而盘绕，花式精美。穆夏笔下的女性形象闲适慵懒，长发飘逸，举止优雅无比，许多社交名媛都试图模仿他描绘的美女形象的造型与穿着。同样，也有很多人效仿查尔斯·戴纳·吉布森所创作的高挑纤细的"吉布森女郎"的服装、发型与举止。吉布森成名以前从事的是折纸和纸雕艺术创作，后因其钢笔画而广为人知。他为《时代周刊》、《生活》和Harper's Bazaar等杂志创作插画。

20世纪前期

20世纪的前30年是时装画的黄金时代。这一时期，摄影师与照相机尚未取代时装画向大众展示时装的职能。在20世纪早期，利昂·贝斯克（Leon Bakst）、保罗·艾里布（Paul Iribe）等插画家都紧跟时装潮流趋势的精髓，用自己独特的方式表现时装，传递当时人们的情感与希冀。

俄罗斯芭蕾舞团及其服装设计利昂·贝斯克，向全世界展示了精心制作的亮色系东方服装，向新艺术运动的朦胧色调提出了挑战。他的绘画具有鲜艳的色彩，影响了其后几年的服装风格。因为贝斯克，时装界对东方样式产生了极大的热情，女装设计师保罗·波烈（Paul Poiret）也受其影响而创作出许多革新式的设计。乔治斯·莱帕普(Georges Lepape)的彩色时装画也受此影响，他的许多时装画为线条画，利用精细剪裁的蜡纸模版上色，突出鲜亮的水彩颜色。这种技巧称为"pochoir"，起源于日本。模版印是一种简单的印色方式，至今仍是常用的一种插画上色方式。

乔治斯·莱帕普的《保罗·波烈的那些事》（Les Choses de Paul Poiret）一书中的pochoir绘画。这种简单的模版印画方式起源于日本。

20世纪最初10年

与上述插画家同一个时期的法国插画家乔治斯·巴比埃（Georges Barbier）、皮埃尔·布里索（Pierre Brissaud），为一本早期时装杂志《时尚公报》（*La Gazette du Bon Ton*）而创作，该杂志后来被康泰纳斯集团并购。该杂志的大多数插画家之后为康泰纳斯公司著名的时装杂志*Vogue*工作。乔治斯·巴比埃当时是首席插画家。他的灵感多来自于东方芭蕾、戏剧和新艺术运动的波纹式线条。同时他也非常欣赏奥伯利·比亚兹莱（Aubrey Beardsley）的作品并受其影响，这从巴比埃作品中清晰的轮廓和醒目的人物可窥见一斑。

1900~1910年间的插画风格是20世纪插画发展的里程碑。现在许多插画选择用忙碌的社交场景来表现服装，这一潮流是由当代一些时装画家，包括马科斯·秦等引导的。装饰艺术运动同样对插画发挥了影响，立体派艺术的几何图形也影响着查尔斯·马丁（Charles Martin）等插画家的作品。类似的立体图形在20世纪80年代的马兹·古斯塔夫森（Mats Gustafson）等时装画家的作品中重现。

"一战"对时装画产生重大影响。作为时装画传播手段的印刷期刊减少了，而电影业得到了显著发展。这一时期，舞台剧及电影的服装设计师上了头条新闻，最有名的当属俄裔画家埃尔泰（Erté，笔名）。使他声名大噪的作品应该是为巴黎轻松歌舞剧精心制作的服装，他也为许多美国电影制作了大量服饰。他的人生理想是成为一名时装画家，与*Harper's Bazaar*杂志签约完成了他长久以来的梦想。此后20年，他继续进行时装绘画创作。

今天的插画家仍然乐于用忙碌的情境表现时装画人物。马科斯·秦的插画表现了一位穿着讲究的女子在音乐演奏场所啜饮一杯红酒，她旁边是其他饮酒狂欢者。

20世纪20年代

"一战"期间，社会动荡不安，也深刻影响了文化及艺术。妇女解放运动造就了全新的女性形象，面料累叠的荷叶边、过分华丽的饰边都被摒弃。这一时期，时装界最富影响力的两位女性便是可可·香奈儿（Coco Chanel）和马德琳·维奥耐（Madame Vionnet）。香奈儿的服装与珠宝相搭配的简洁风格和维奥耐的斜裁衣裙皆具有划时代意义。这两名设计师都在这一年代开设了自己的商店，为更多的女性制作服装。

直到20世纪20年代前，时装插画中的人物一直遵循实际人体的比例。但是，随着20年代艺术作品与时装向简约、棱角分明、线条化方面发展，时装人物的轮廓也发生改变。这时，修长纤瘦的人物形象成为插画特色。夸张化的时装人物出现于爱德华·多加西亚·贝尼托（Eduardo Garcia Benito）、吉列尔莫·博林（Guillermo Bolin）、乔治·普兰克（George Plank）、道格拉斯·波拉德（Douglas Pollard）、海伦·屈莱登（Helen Dryden）和约翰·赫尔德·Jr（John Held Jr）等人的作品中。贝尼托在20年代为Vogue杂志制作了许多流传至今的封面作品，都表现了洒脱鲜明的女性形象，反映出当时的时代象征。他的人物皆被拉长，造型比较抽象，在绘画整体设计中，通过细致的颜色对比加强效果。

摇摆女郎（flapper）成为这个"兴旺的20年代"的符号式人物。约翰·赫尔德·Jr用"爵士乐时代"的漫画形象装点了《纽约客》和《生活》杂志封面。富有特色且逗趣的舞蹈漫画人物形象、鲜艳的背景和诙谐的情境设计组成了他的个人风格，至今仍被效仿。当代插画家如史蒂芬·坎贝尔（Stephen Campbell）等人也在时装画中运用了人物角色与诙谐效果。

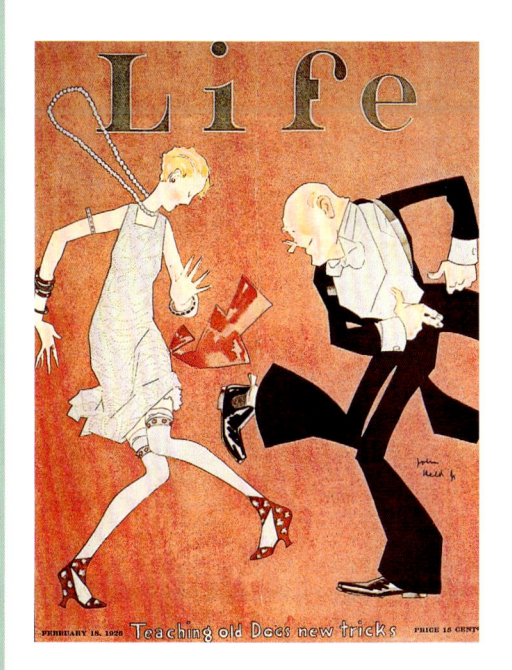

左下图
　　约翰·赫尔德·Jr的卡通画成为"兴旺的20年代"的文化符号，用于社交杂志封面。

右下图
　　包括史蒂芬·坎贝尔在内的现代插画家，运用鲜明的个性和人物来表现时装。坎贝尔多以电脑为工具，创作的漫画形象受到人们喜爱。

20世纪30年代

30年代初，服装杂志对时装画的使用更务实，包括社论及广告。时装人物轮廓回归为较实际的女性形象，绘画线条变得相对柔和，并富有质感和曲线感。新浪漫主义思潮表现在卡尔·埃里克松（Carl Erikson）、马赛尔·韦尔特斯（Marcel Vertes）、弗朗西斯·马歇尔（Francis Marshall）、鲁思·格拉夫斯特隆（Ruth Grafstrom）、雷内·布特-威廉姆斯(René Bouët-Willaumez)、塞西尔·比顿（Cecil Beaton)等人的画作中。

卡尔·埃里克松，通常被称为埃里克，在30年代崭露头角，成为非凡的领军人物。在以后的30年中，他都是影响深远的一位时装画家。埃里克用最轻柔的笔触，一一刻画出服装的各个细节。作为观察人物和捕捉真实美感的倡导人，埃里克只创作写实画，从不以想象和记忆作画。

韦尔特斯为 Harper's Bazaar 和《名利场》杂志创作，他的作品特色是运用简洁的线条和色彩。他还为夏帕瑞丽香水广告宣传活动作画。今天，自由时装画家仍然为广告宣传进行创作，例如下图中大卫·当顿（David Downton）为英国商业街零售商品牌Topshop画的广告。塞西尔·比顿在30年代为 Vogue 杂志制作时装素描画和封面设计，他的创作趣味十足，不过其最为人称颂的成绩是获得奥斯卡舞台与银幕服装设计奖以及他为好莱坞女星拍摄的照片。在30年代末，时装摄影师开始取代插画家的地位，照相机替代了画笔，成为时装宣传的主流方式。

上图

埃里克绘制的英国版 Vogue 封面，1936年9月2日出版。图中，夏帕瑞丽戴着火红的天鹅绒帽，围着蓝绿相间的中亚羊毛（羔羊毛）围巾，灵感与才华来源自超现实主义。夏帕瑞丽与画家本人交往密切。埃里克与大西洋两边的 Vogue 杂志的合作持续多年。

左图

今天的时装插画家仍为宣传广告进行创作。此图是大卫·当顿为Topshop广告宣传活动制作的图画广告。他的作品被制成宣传明信片，作为赠品，可供客人在店中获取。

20世纪40年代

"二战"期间，许多欧洲时装画家去美国寻找更多的工作机会，其中一些人自此留在美国。40年代前期的插画风格延续了30年代的浪漫风格。在40年代的插画界具有重要地位的画家，除了克里斯蒂安·贝拉尔（Christian Bérard）和汤姆·基奥（Tom Keogh）两人外，还有三位画家，巧合的是，他们都叫雷内。雷内·布特-威廉姆斯从30年代便开始为Vogue杂志工作，持续至40年代，其表现主义风格颇受埃里克影响。雷内·博奥希（René Bouché）的早期插画为黑白画，但后期他的插画表现出强烈的色彩感。通过严谨的观察，他的绘画风格准确有力。他的图画常置于Vogue期刊的内页跨版上。

雷内·格如奴（René Gruau）最被津津乐道的应该是为克里斯汀·迪奥（Christian Dior）的"新样式"系列创作的广告，从此他开始了与迪奥设计室长达50年的职业合作。格如奴的画风粗犷浓烈，深受毕加索和马蒂斯的影响，他用黑色画出图形轮廓，尽量精减细节，但对动作及形态则强调颇多。格如奴的风格看似轻漫草率，但是他却承认，在动笔画图之前，他至少需要完成30张准备草图——他给我们大家上了一课。

左上图

雷内·布特-威廉姆斯颇受埃里克影响，但是通过色彩、轻巧明晰的影线以及洗练的明暗应用形成了自我风格。他的插画自成一格，多年以来都占据着Vogue杂志的重要版面。

右上图

雷内·博奥希的绘画风格准确有力，都来自严谨的实际观察。他运用墨水笔或炭笔，巧妙地将服装的特征融入人物，如图所示，该画作于1945年。博奥希的画作具有强烈的色彩感，40年代时，他在纽约帕森斯设计学院从教，教授学生时装画课程。

20世纪50年代

战后的50年代是发展和富足的时代。技术进步带来了塑料、尼龙、莱卡面料等新事物，带给插画家新的挑战，要如何表现这类全新的化纤面料成为他们面临的问题。电影和电视中描述的精彩刺激的人生反映了现代人的审美，插画的用途开始变窄。不过，上一年代的许多插画家在50年代中仍然继续创作，同时新的画家，像基拉兹（Kiraz）、达格玛（Dagmar）等人也声名鹊起。

基拉兹是自学成才的艺术家，于50年代成名，直到今日仍在创作时装画。基拉兹生于开罗，搬到巴黎后，开始以漫画形式创作性感妩媚的巴黎女郎。他独特的作画方式以及服装搭配设计，对目前许多插画家亦有影响，例如杰森·布鲁克斯（Jason Brooks）及其所画的漂亮的漫画女郎。达格玛对服装的表现简洁利落，却直达人心。她为Vogue杂志工作长达20年之久，其简朴的画面风格使她与其他前人相异。

20世纪60年代

在"迷茫摇摆的60年代"，青少年文化成为主流，时尚理念不断年轻化，显得无忧无虑、无拘无束。50年代末开始的青少年一代要求服装具备更加年轻时髦的外观。图画人物姿势由端庄矜持变得机灵活泼。但是，摄影师渐渐取代了时装画家对于杂志的重要性，以至于摄影师和模特成了新兴的名人群体。

只有一位插画家延续了过去几十年兴旺的插画历史而冉冉升起——他便是安东尼奥·洛佩兹（Antonio Lopez）。他的画作具有丰富的感染力，风格多样，之后30年里他一直从事插画创作。他正是在享乐主义的60年代崭露头角。他的插画表现了年轻一代的叛逆及其在这个多彩多样的年代里把服装作为表达重心的行为。丰富的想象力让他使用多种媒介和技法，不断尝试各种可能的风格。每一季他都尝试用新的绘画技巧来创作，而不选用蔚然成风的绘画形式。直到今天，他都是一位富有影响力的时装画家。

20世纪70年代

70年代里，摄影仍然占据时装杂志及广告的统治地位。除了安东尼奥·洛佩兹持续推出作品外，新的插画家也不断涌现，他们受波普艺术和迷幻艺术的影响。这一年代前期，插画的特色是色彩丰富、花式浓重。洛伦佐·马多蒂（Lorenzo Mattotti）、马兹·古斯塔夫森与托尼·维拉蒙特（Tony Viramontes）都发表了崭新的理念，他们在时装界也赢得了一席之地。

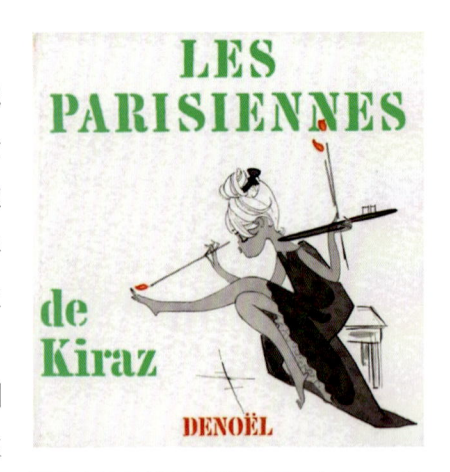

顶图

基拉兹是自学成才的艺术家，他于50年代成名。性感精巧的巴黎女郎漫画形象成为他的标志。此画是1953年创作的书籍封面。直到今日他仍在创作时装画。

中图

杰森·布鲁克斯以数码手段创作，但也受基拉兹等人的传统绘画影响，正如这幅"坏女孩"的漫画。此画是以电脑制作的，反映了伦敦Pushca夜总会的生活。

下页图

在享乐主义的60年代，安东尼奥·洛佩兹的时装画表现了年轻一代的叛逆。丰富的想象力让他不断使用多种媒介和技法，尝试各种可能的风格。从这幅1964年的作品中，我们可以看到背景与家居与人物在图中都扮演着重要角色。

第六章 传统与当代时装画赏析

托尼·维拉蒙特的水彩画，用于华伦天奴高级时装广告宣传。

到了70年代后期，时装画出现了完美现实主义的潮流，这在戴维·伦弗瑞（David Remfrey）的作品中有明确的体现。他用墨水笔描画后，用浅色水彩颜料上色，逼真地表现出女性形象。艺术家简单的技巧反映了这个年代中性感直率的女性形象。伦弗瑞最新的作品是成功地为斯特拉·麦卡特尼（Stella McCartney)广告制作的插画，画面中有来自70年代的怀旧情愫。

20世纪80年代

一种完全不同于以往的新风格在80年代出现，时装画卷土重来似乎无法阻挡。宽大的肩部、突兀尖角的潮流装束正需要当时的大插画家去表现。妆容富于表现力、人物姿态戏剧化——这是时装画重回杂志版面的绝佳契机。安东尼奥·洛佩兹的画作再次迎合了这一潮流，成为这一时期男男女女的缩影。除他以外，其他插画家包括佐尔坦（Zoltan）、格拉迪丝·帕瑞特·帕默（Gladys Perint Palmer）和费尔南多·波特罗（Fernando Botero）等人也都创作了革新的实验性作品。

　　佐尔坦是第一批革新的插画家之一，他创作了一系列从立体照片集成到材料拼贴的图画。他广泛运用面料、花朵、宝石、无机或有机材料来再现时装。在此之前，插画家对艺术材料的选择已比以往更加广泛，佐尔坦的材料运用也是如此。帕默为杂志和许多广告宣传创作插画，客户包括维维恩·韦斯特伍德、奥斯卡·德拉伦塔、米索尼和雅诗兰黛等。作为80年代首屈一指的插画家，在被要求创作法国时装系列插画时，费尔南多·波特罗也不曾改变其艺术个性。他为其创作的插画都表现了圆润丰腴、体态妖娆的女性形象，但时尚味浓郁。这是他对"肥胖"和"美丽"两相抵触观点的轻松回应。

佐尔坦因其立体照片集成图和材料拼贴画作品而得名。他通过创造性地选用艺术材料来表现服装。

20世纪90年代

20世纪末，时装画不再试着建立与摄影的关联，而是与之竞争共存。包括杰森·布鲁克斯、弗朗索瓦斯·伯特霍尔德（François Berthold）、格拉汉姆·伦斯威特（Graham Rounthwaite）、让-菲利普·德罗莫（Jean-Philippe Delhomme）和马兹·古斯塔夫森等插画家引领了时装插画的回归。

伯特霍尔德创作的一系列时装画颠覆了以往的形式。他的局部式插画略去人物的一部分如头、肩、小腿和脚。观者的全部注意力都集中在所展示的服装上。

电脑制作图片和数码技术带来了90年代插画的繁荣发展。插画家们通过以下紧贴潮流的创作，创造出小型亚文化：布鲁克斯用电脑制作的Pushca夜总会图片；伦斯威特用Mac电脑创作的一组纽约街头少年图，还有他给Levi's制作的悬挂于高楼墙面的大幅广告牌——它标志着插画真地回归到城市生活中。当超模演绎高级定制服装悄然成风时，大卫·当顿等人在插画中都表现了这个风潮，并在各种报纸和杂志中引起反响。

左上图

没人能比杰森·布鲁克斯将数码时代表现得更好。他的Pushca作品成为收藏品，他的绘画风格具有极高的辨识度，只画腿和脚你都能认出！

右上图

格拉汉姆·伦斯威特的街头少年画，反映了在90年代后期，时装画不再只聚焦在完美无缺的时装模特上，而开始关心普通人物的表现。

第六章 传统与当代时装画赏析

当代时装画赏析

  在新旧世纪交替之际，新兴事物向传统文化回归。恐怖主义、自然灾害给人的心灵造成难以磨灭的创伤，人们因而渴望曾经的安全舒适，越来越希望回归到旧式的价值观和曾经的无邪中。

  技术进步改进并发展了时装画家的艺术表现力，传统方式的回归也带来了新的创作。当今的插画家应用已有的手工技术，诸如绘画、绣花、拼贴等，并加以相当的数码制作，创造出现代的创作方法。

  下一节我们将选择一些21世纪的当代时装画家，并深入了解他们。这一节主要关注他们的多样化创作方法，观察他们绘画着衣人物的手法。通过一系列问答，插画家将解释灵感来源、作品创作过程及其意义。

"和Comme des Garçons一起丢沙包玩耍"是马科斯·秦创作的一幅数码时装画，服装灵感来自Comme des Garçons品牌（意为"像小男孩一样"）。

文森·巴库姆（Vincent Bakkum）

www.saintjustine.com / vincent@saintjustine.com /
www.pekkafinland.fi / pekka@pekkafinland.fi

请描述一下你的时装画风格。

老派的绘画方式，却以今日的快速手法完成。不是因为时间仓促，只是我喜欢这么干。我的风格应该是颜料画风格吧？

你采用什么工具和方式作画？

用丙烯颜料在油画布上作画。

哪种面料是最难画的？

我觉得哪种面料都很难画。我需要画皮肤，大面积的皮肤，还有阴影！

什么是你不可或缺的时装画工具？

照片、颜料和画笔。

你接受过哪些艺术培训？

我一直在"剽窃"和"掠取"，直到形成自己的风格。

离开学校后，你的第一份插画工作是什么？

我的第一份插画工作是制作书籍封面，还有儿童读物插画。

你有代理人吗？如果有，他对你有何帮助？

我有好几个代理人。通过代理人，客户能够找到我。客户觉得通过代理，可以从精英分子中进行挑选，这种想法也没错。

客户怎么发现你和你的作品的？你如何推销自己？

通过代理人、已经发表的插画作品、我的网站、展会和口碑。

个人网站对你的职业有什么帮助？

它能给人们基本印象以了解我的工作。这点很重要，特别是对我母亲而言，这样她就能清楚我要做什么。

当时装画家是一份好工作吗？

我不想说那些陈词滥调。如果你有激情，它是一份极棒的工作。

成为一名时装画师，你最喜欢的是什么？

我最享受客户给予我的信任。发挥自己的能耐完成别人的梦想，能给我无限的满足感。

你是否从事其他领域的插画、艺术和设计工作？

我会办临时个人作品展。我喜欢画壁画。

你最大的成就是什么？

我最大的成就，不是为某家杂志工作，也不是成为一名时装设计师，我只为我创作中的一些画作而自豪，"Altina"就是其中之一。

给新手时装画师提一条建议，你会说什么？

"剽窃和掠取"，直到腻了为止，你会找到自己的风格。但如果你不感到腻烦，那就转行吧。

第六章 传统与当代时装画赏析

斯蒂娜·帕森（Stina Persson）

www.stinapersson.com / www.cwc-i.com / agent@cwc-i.com

请描述一下你的时装画风格。

丰富饱满的水彩颜色，风格尖锐的水墨画，美好的女性，这些融合到一起，带给我的画一种"时装潮流感"。说实话，我很少为时装方面的客户工作。我通常与需要时装潮流感的那些客户接洽，并最终达成合作，比如航空公司，甚至制药商。我觉得这很正常，因为时装画所受的关注越来越多，很多客户需要它，虽然他们并不制作服装。

你采用什么工具和方式作画？

水彩颜料、墨水、纸、水粉颜料和Photoshop。

完成一幅插画你要花费多长时间？

我希望我的作品没有雕琢的痕迹而保留素描的风格。我会飞快地画出好多幅图，大概20幅，直到得到满意的效果。所以画单幅插画的时间可能并不长，但那之前要花费相当一段时间。接着是扫描和电脑制作，这一过程要花费很长时间。所以在纸上作画时得到准确的效果很重要。多画五六幅图，获得准确的原始图，比在电脑上用数码方式收拾不满意的地方来得快得多，也方便得多。

哪种面料是最难画的？

我认为画精细花式纹样的面料真地很棘手，我很难用流畅的水彩颜料来表现它，同时还要保留饱满宽松的感觉。

什么是你不可或缺的时装画工具？

我想是墨水。有点意思吧，其实我用得最多的是水彩颜料。不过如果只能让我选一种工具，我想我会选墨水。应该是黑墨汁，再加上一支笔。

如果你能为世界上任意一家时装方面的客户作画，你想是哪家？为什么？

我想为意大利版Vogue杂志进行创作。如果是表现面料印花的图画，我希望与普拉达、Eley Kishimoto或者Marimekko合作。

你有代理人吗？如果有，他对你有何帮助？

我有，而且这是我做过的最明智和最佳的职业选择。这样我可以专注于工作，而不用管付款、协议、发票和合同这些事。我的代理人也成为我的好朋友和同事，比起自由画家，这些太难得了。

客户怎么发现你和你的作品？你如何推销自己？

我尽量保证我的网站不断更新，我的代理人也会寄宣传信。而且一个工作也会带来新的工作。

个人网站对你的职业有帮助吗？

我认为它是除了代表作品集外的有效沟通方式。有时甚至更重要，因为网站给人决定性的"第一印象"。

成为一名时装画师，你最喜欢的是什么？

我喜欢自由和丰富多彩的生活。我的生活充满创意，我每天都在开动脑筋。

你是否从事其他插画、艺术和设计领域工作？

我从事很多种插画工作，从博物馆到香水领域。我想创作儿童读物，因为我有三个不到六岁的小儿子。

给新手时装画师提一条建议，你会说什么？

不断提升自己，远离电脑。电脑是最可怕的时间窃贼。

第六章 传统与当代时装画赏析

葆拉·萨卡瓦列罗（Paula Sanz Caballero）

www.paulasanzcaballero.com / nairobiflat@paulasanzcaballero.com

请描述一下你的时装画风格。

我认为我的作品叙事风格浓厚，带有鲜明的滑稽嘲弄之趣。

你采用什么工具和方式作画？

主要是手工刺绣和拼贴画。

完成一幅插画你要花费多长时间？

手工刺绣图可能花费两周到两个月不等。拼贴画需要一周。

什么是你不可或缺的时装画工具？

铅笔和布。

如果你能为世界上任意一家时装方面的客户作画，你想是哪家？为什么？

很多……吉尔·桑达（Jil Sander）、香奈儿、意大利版 *Vogue* 等。

小时候希望长大以后做什么？

我一直知道我会是一个艺术家，从来没有想过要做别的。

你接受过哪些艺术培训？

我在西班牙学的是美术，然后也是在西班牙拿到平面设计硕士学位。

客户怎么发现你和你的作品？你如何推销自己？

主要的宣传方式是已经发表的作品。然后，个人网站也是他们可以联系我的方式、还有书、采访，等等。

个人网站对你的职业有帮助吗？

虽然我恨极了有些人从我的博客里盗图，我还是认为网站是必要的与艺术需求市场联络的工具。

当时装画家是一份好工作吗？

这是一份天职——这是我的想法，所以我热爱这份工作。

成为一名时装画师，你最喜欢的是什么？

在我全心热爱的领域工作。

成为一名时装画师，你最讨厌什么？

跟一些荒唐的客户打交道。无论在创作过程中、完成后，还是Photoshop制作时，他们都能无理地要求你改图。一些客户对我们这份职业缺乏尊重，不信任我们的标准、鉴赏力和诠释能力。

你是否从事其他插画、艺术和设计领域工作？

是的，我是艺术从业者，在画廊里展出我的作品。

第六章 传统与当代时装画赏析

汤姆·巴格肖（Tom Bagshaw）

www.mostlywanted.com / tom@mostlywanted.com / www.centralillustration.com

请描述一下你的时装画风格。

形象鲜明、绘画感强、数码化。

你采用什么工具和方式作画？

我最主要使用Photoshop、Painter、ArtRage和Illustrator等软件，如果作品需要，也用一些3D软件。有时候会用一些模拟工具，不过我现在很少用了。

完成一幅插画你要花费多长时间？

我的作品集是由风格有所变化的各类图片构成，每种风格采取些许不同的方法完成，所以完成时间的变化性比较大。有些可能一天之内就能改好，还有些可能需要几周时间才能完成。

哪种面料是最难画的？

对每种面料我都会试着解决挑战——各种面料我都喜欢。要创作合适的蕾丝效果，绘画过程是很痛苦的，不过看到成果的时候，通常痛苦是值得的。只是所给的时间真让人头大！

什么是你不可或缺的时装画工具？

绝对是Photoshop。它是我所有创作过程的核心。

你接受过哪些艺术培训？

我自学了很多东西，不过我在平面设计学校里也学了一些知识。

离开学校后，你的第一份插画工作是什么？

一张音乐专辑封面。现在听来没什么，不过当时真是一桩大活。

你有代理人吗？如果有，他对你有何帮助？

的确有，CIA。他们做得很好，能够吸引到那些原本可能根本不会看我作品的客户。

客户怎么发现你和你的作品？你如何推销自己？

我的代理人和我的网站是我的主要宣传工具，当然博客、邮件和其他推销方法也很方便。

个人网站对你的职业有什么帮助？

我会把很多自己的作品放在网络作品集中。网络作品集（webfolio）在当今非常重要。即使你在插画网站注册，享用它提供的作品集空间，精心制作自己的网络作品集仍是必须的。

你最大的成就是什么？

除了我女儿之外吗？——在报摊看到我的作品成为印刷品感觉很美妙。

给新手时装画师提一条建议，你会说什么？

学会当他人提出要求时的应对。不用把你的作品集到处展示。创作几种风格的作品的确不容易办到，但对于客户，特别是代理商而言，他们倾向于你多点风格变化，即使只是些许变化，但对于寻找"式样"的客户也会有帮助。相反地，如果你的画风僵化不变，最后只会失去工作。

第六章 传统与当代时装画赏析

雅纪亮（Masaki Ryo）

www.masakiryo.com / www.cwc-i.com / agent@cwc-i.com

请描述一下你的时装画风格。

我追求的绘画风格是：构图并不复杂，但是富有表现力，且不乏精致之感。我把这些元素汇聚到我的图中，描绘妩媚的女性形象和精美的服装配饰。

你采用什么工具和方式作画？

我用刮刀和丙烯颜料，然后在Photoshop里修图。

完成一幅插画你要花费多长时间？

平均每幅画要花一周来画草图，然后一周完成作品，总共两周。接的活不同，时间长短不同。

什么是你不可或缺的时装画工具？

对我而言，是我的刮刀。作为一个艺术家，它是我的延伸。

如果你能为世界上任意一家时装方面的客户作画，你想是哪家？为什么？

这个问题很难。我想应该是杜嘉班纳，因为他们的设计一直很有意思。

小时候希望长大以后做什么？

懵懂时就觉得自己将来会过着画家的生活。

你接受过哪些艺术培训？

我在艺术大学时主修平面设计。

这些学习对你成为插画家来说准备充分吗？

嗯，我学的是平面设计，并不主修插画。不过，这对我获取构图、平衡和色彩构建的知识和练习十分有帮助。

你有代理人吗？如果有，他对你有何帮助？

是的，有个代理人。我可以从我自己找不来的客户那里接来工作（我是指在日本以外地方的代理）。而且，我的代理人还能处理好我不熟悉的环节，比如谈价格。

客户怎么发现你和你的作品？你如何推销自己？

主要是通过代理人的网站和我的个人网站。代理人为我的作品发宣传邮件，把我的作品和其他画家的作品汇集在宣传年历里。

个人网站对你的职业有帮助吗？

是的。我有一个网站，我认为它让我获得了更多的工作机会。

你是否从事其他插画、艺术和设计领域工作？

是的。我不只是从事时装画创作，还有其他插画创作。我对设计也有兴趣，不排除多做些事。

你最大的成就是什么？

目前，有我设计作品的产品在美国、欧洲和日本都有销售。我希望将来能够有更大的成就。

给新的时装画师提一条建议，你会说什么？

做你喜爱的事情。最终，你会得到回报。

第六章 传统与当代时装画赏析

马科斯·秦（Marcos Chin）

www.marcoschin.com / marcos@marcoschin.com

你采用什么工具和方式作画？

我使用的是数码创作与手工表现相结合的方法。

完成一幅插画你要花费多长时间？

这真的要视这张图的大小规模和复杂程度而定。开始新的创作时，我通常会花几天的时间进行头脑风暴，画下几张缩略的草图，形成自己的创意以及能够完成客户要求的图像。客户满意我的草图后，再有两三天，就能完成最终稿。

什么是你不可或缺的时装画工具？

铅笔。

你接受过哪些艺术培训？

我是在加拿大多伦多市的安大略省艺术设计学院学习的插画。

这些学习对你成为插画家来说准备充分吗？

我不认为学校能使学生足以应对专业工作，但是，我在学校却打下了扎实的绘画功底，并学习了观察与表现世界的新方法。在以艺术和设计为教学重心的学校学习，让我从周围其他同学的创意中学到很多，也获得了许多灵感，在之后帮助我的工作不断提高。

你有代理人吗？如果有，他对你有何帮助？

是的，其实我有两个代理：一个是美国的，另一个则在欧洲。至于代理人的帮助，由于我是最近才开始与他们合作，所以还难以判断。我想人们错误地认为，是代理人帮助插画家使他的作品变得抢手，其实，一个作品有市场，在代理人把作品卖给客户前，对插画家该作品的需求就已存在。话虽如此，好的代理人的确能够把艺术家的作品带给某些插画家无法触及的行业，比如广告业，并帮他们赢得市场。

客户怎么发现你和你的作品？你如何推销自己？

当今时代，拥有个人网站是极其重要的——可以说，如果一个插画家没有自己的网站，就没有人知道他。个人网站远比实物的作品集来得先入为主。当然现在大多数客户还是会要求我寄作品集，但是来自全世界的客户可以通过网络看到我的作品。我还给已有和潜在的客户邮寄宣传材料（例如明信片）。通过作品，特别是杂志类作品的表现，可以招来更多的工作机会。每年我都参加一些插画竞赛，比如插画家协会奖、美国插画奖、3×3杂志奖和传播艺术奖等。如果作品参加竞赛，能相应地带来更多的展示机会。

对于新手时装画师，你有什么建议吗？

勤恳努力。我知道它听起来有点乏味，但这是事实。我想大家都能明白，只有天赋极高的天才才能轻易获得成功。对于一名时装画师来说，你的才能就是你的营生，但不仅是你的绘画才能，还包括如何把你的才能推销给客户。有时工作量可能会变少，可能没有打入的电话，但是在这个"低潮期"，仍然要继续创作自己的作品，维持技术水平，丰富自己的作品集。成为时装画师之后，你要学会即使没有灵感仍然可以创作。因为最终你是根据合约按期向客户输送自己的产品（插画）。

第六章　传统与当代时装画赏析

埃德·卡罗西亚（Ed Carosia）

www.ed-press.blogspot.com / www.ed-book.blogspot.com / ed@el-ed.com /
ed.carosia@gmail.com / www.agent002.com / www.bravofactory.com

请描述一下你的时装画风格。

我想我可以把我的时装画风格分为两类：一类是比较正式和传统的风格，迎合当前的复古风潮；另一类是"流行"，迎合漫画风潮的回归。

你采用什么工具和方式作画？

我先使用铅笔，接着扫描或拍照，然后在Photoshop里开始整个创作过程，添加不同的纹理效果和色彩。

完成一幅插画你要花费多长时间？

我作画通常是很快的。我觉得一幅画花费最多的时间是在客户上。有时候客户能够很快肯定总体概念和绘画内容，但通常这个过程很耗时间，最后花费的时间比你开始设想的要长得多。

什么是你不可或缺的时装画工具？

我不能缺少"撤销工具"！

小时候希望长大以后做什么？

我想画画，还有玩音乐！

离开学校后，你的第一份插画工作是什么？

我的第一份工作是设计和制作儿童游戏，我画过漫画、连环画，给报纸画插画，后来才开始创作时装画。

你有代理人吗？如果有，他对你有何帮助？

我有两个代理人（一个在法国，另一个在西班牙），我与他们的合作很愉快。从我们合作的工作中，我获益很大。

客户怎么发现你和你的作品？你如何推销自己？

通过我的网站和博客，还有他人推荐。

个人网站对你的职业有帮助吗？

说实话，我都没有更新我的网站，不过我管理博客比较轻松，我觉得博客更实用。

你是否从事其他领域的插画、艺术和设计工作？

没错，我还给报纸和杂志、书籍封面和漫画杂志画插画。

第六章 传统与当代时装画赏析

文斯·弗雷泽（Vince Fraser）

www.vincefraser.com / vince@vincefraser.com

请描述一下你的时装画风格。

我的灵感来自美丽的女性形象，我喜欢在超现实的背景中创造想象的世界和抽象的人物。

你采用什么工具和方式作画？

我一般都用数码创作，Photoshop软件是我的主要工具。Illustrator软件用来制作矢量图，用3D Studio Max进行三维图形设计。手绘的话，我用的是Wacom Intuos 3 A5宽屏绘图板，因为它是16：10形式，如果你使用双重宽屏显示的话，它的效果很好。我有时会用艾普森扫描仪和佳能EOS 400D SLR数码相机，它有多个镜头，由EF500mm到EF70~20mm。

完成一幅插画你要花费多长时间？

取决于很多因素，比如复杂程度。调整和最终修饰比较花时间。我想平均一幅画需要一到两天完成，不过大家也看到我花过一星期左右时间。

如果你能为世界上任意一家时装方面的客户作画，你想是哪家？为什么？

阿玛尼或是普拉达，因为它们都是家喻户晓的牌子，在世界范围内享有美誉。

你如何推销自己？

通过个人网站、插画论坛、设计博客、代理人、口碑和邮寄明信片。

代理人对你有何帮助？

代理人在帮你争取类似广告这类较大规模的工作机会时作用很大，如果你是自由插画家，这很难争取到。如果你有代理人，广告公司会更认真对待你，并在有大项目时倾向于使用你。

个人网站对你的职业有帮助吗？

时装画师一定要有个人网站，因为通过它，你可以向更广泛的人群和潜在客户展示你的能力。能不断创造新东西，除了在画廊展览外还能不断创造新事物的拥有写生博客的艺术家，才是最受欢迎的。

成为一名时装画师，你最喜欢的是什么？

有时间去干其他我喜欢的事情，可以有更多时间与家庭和朋友聚在一起。

给新手时装画师提一条建议，你会说什么？

不断挑战自己，坚持原创，坚持个性，专注自己所做的并做到最好。不要随波逐流，不去管别人做什么，坚持发展自我风格。发现自己的优势，了解别人怎么形容你的绘画方式。不用去界定自己，但如果你想看清自己，找到你的市场，就需要对自己有所了解。只要你切实执行，你总会为人所知。

HUGO BOSS
Lumley
HUGO
HUGO BOSS
eau de toilette
natural spray
vaporisateur

阿尔玛·拉若卡（Alma Larrocca）

www.almalarroca.com / www.almalarroca.blogspot.com / alma.larroca@gmail.com

你采用什么工具和方式作画？

拼贴、多种方法结合。

完成一幅插画你要花费多长时间？

根据工作不同而定，可以从一小时到好几天！

哪种面料是最难画的？

我不觉得有哪种面料是真正难画的。

什么是你不可或缺的时装画工具？

我的剪刀。

小时候希望长大以后做什么？

舞蹈家。

你接受过哪些艺术培训？

我在布宜诺斯艾利斯大学、阿根廷大学和绘画工作室学习过平面设计。

这些学习对你成为插画家来说准备充分吗？

是的，不过我觉得最佳的学习方式是每天创作，并热爱自己所做的工作以及不断寻求新突破。

离开学校后，你的第一份插画工作是什么？

给一家杂志作画，创作了一系列名人肖像。

成为一名时装画师，你最讨厌什么？

我不喜欢客户要求的改动太多。

你是否从事其他插画、艺术和设计领域工作？

没错，我还给杂志、报纸和书本封面作插画。

你最大的成就是什么？

我觉得我还在等待它出现……

第六章 传统与当代时装画赏析

萨拉·辛（Sara Singh）

www.sarasingh.com / mail@sarasingh.com / stephaniep@art-dept.com / www.art-dept.com

请描述一下你的时装画风格。

惊喜的意外。我的风格更多是线条化的，而非色块化的。我喜欢正确地分析人体。

你采用什么工具和方式作画？

我使用钢笔和墨水。用墨水涂染，用Photoshop修饰。

完成一幅插画你要花费多长时间？

我会根据同一方案画多张素描图，直到得到满意的效果，不过每张图只需几分钟时间，扫描和后期制作花费时间较多。

哪种面料是最难画的？

我觉得表现面料是一项有趣的挑战。我喜欢尝试各种不同的方式，不直接用常用的方法。我想亮片和粗花呢是比较困难的，还有针织衫。

什么是你不可或缺的时装画工具？

派克墨水和好的笔尖。

小时候希望长大以后做什么？

我想当画家。我还记得五岁大时我第一次站在学校画板前的时候，那画板有我当时的人高。我手拿一支大画笔，觉得这就是我想要的。我当时就想，长大以后我要做这个。

离开学校后，你的第一份插画工作是什么？

为一家广告公司制作铅笔草图。毕业以后，我为广告公司制作了很多情节草图和故事串连图，从中我学会绘画大量物品，从大众汽车甲壳虫系列到酸奶盒子。这些都发生在我拥有电脑之前。我甚至用墨水笔手写自己的发票。

你有代理人吗？如果有，他对你有何帮助？

美国艺术工所（Art Department）是我的代理，在伦敦和巴黎则是Serlin Associates，北欧地区是Agent Bauer。你需要有一个好的代理人。宣传和商业谈价是这份工作的一大部分内容。我处理不好这些事情，所以如果没有代理人我会无所适从。

客户怎么发现你和你的作品？你如何推销自己？

通过我的代理人、我给杂志创作的作品以及我的网站。

个人网站对你的职业有帮助吗？

我发现很多人在浏览网站。我只需要常更新它即可。

成为一名时装画师，你最讨厌什么？

以他们做照片的方式来看待插画工作，尤其是在广告界。对我来说，照片和插画是两种截然不同的媒介。

给新手时装画师提一条建议，你会说什么？

要尊重你的自主创造过程。随着时代潮流的不断前进，事物总在变迁，但还是有不需要改变的东西。保留过去的作品，有空时——检视他们（在某一糟糕的日子里），看看你自己的改变。

第六章 传统与当代时装画赏析

西中杰夫(Jeff Nishinaka)
www.jeffnishinaka.com / paperart@earthlink.net

请描述一下你的时装画风格。

纸雕艺术。

你采用什么工具和方式作画？

纸、裁剪工具、叠加和粘贴工具。

完成一幅插画你要花费多长时间？

平均两个星期。

如果你能为世界上任意一家时装方面的客户作画，你想是哪家？为什么？

普拉达，我很欣赏普拉达！

你接受过哪些艺术培训？

我获得了美国帕萨迪娜市艺术中心设计学院插画专业的美术学士学位。

这些学习对你成为插画家来说准备充分吗？

艺术中心设计学院很看重学习在实际工作中的运用。

离开学校后，你的第一份插画工作是什么？

刊登在娱乐商报 *Daily Variety* 的20世纪福克斯电影制片公司的跨版双页广告。

你有代理人吗？如果有，他对你有何帮助？

是的，有几个。他们能够直接接触需要插画家并能拍板的客户。

客户怎么发现你和你的作品？你如何推销自己？

除了代理人外，我利用个人网站、插画书作广告，并通过在画廊展出推广自己。当然总是有比我所做的更多的方法。

个人网站对你的职业有帮助吗？

我有两个网站，不过其中一个比另一个常用。网站的好处是它们能够接触广泛的人群。

你是否从事其他领域的插画、艺术和设计工作？

当然了！我在美国、日本和中国都制作过书本封面、杂志编辑、广告、广告牌、电视广告、公共艺术和画廊展出等工作。

你最大的成就是什么？

在日本东京全日空酒店制作搭建纸雕作品。纸雕的内容有树有鸟，有花有草，还有鱼与青蛙，占地大约6.5平方米。很大的工程！

给新手时装画师提一条建议，你会说什么？

一定要别出心裁、特立独行。别跟其他人一样！

第六章 传统与当代时装画赏析

西尔亚·戈茨（Silja Goetz）

www.siljagoetz.com / silja@siljagoetz.com / www.art-dept.com / stephaniep@art-dept.com

请描述一下你的时装画风格。

典雅、静谧、敏锐。

你采用什么工具和方式作画？

手绘技巧结合Photoshop。

完成一幅插画你要花费多长时间？

时间长短完全取决于绘画形式与客户喜好。

哪种面料是最难画的？

绘制堆叠的面料和有花纹的面料很费工夫。

什么是你不可或缺的时装画工具？

没有。我总会有可替代的方法。

小时候希望长大以后做什么？

在马场做马厩管理人，或是当插画家。

离开学校后，你的第一份插画工作是什么？

在求学阶段，我就开始为一本儿童杂志设计一些作品。之后我求职于时装类杂志，我给一些德国的编辑快递了我的书。很快我从 Elle 和 Cosmopolitan 杂志那里得到第一份工作。

你有代理人吗？如果有，他对你有何帮助？

我跟艺术工所合作。他们帮助我寻找新的客户，处理收费事宜。在欧洲区外有代理帮助，会方便很多。

客户怎么发现你和你的作品？你如何推销自己？

个人网站发挥重要的作用，任何人都可以先看过网站再决定是否联系你。插画类的书籍和博客也有很大帮助。这些年来，我发现很多德国和西班牙的客户会私下看我的作品集，当然也有代理商。同时，滚雪球的效应也是存在的：人们见到我发表的作品，并对我有所了解。要尽可能给人留下好印象，善于与人合作，向潜在客户展示近期的好作品。

当时装画家是一份好工作吗？

虽然这份工作有其困难之处，但的确是最好的。肯定要比马厩管理人好。请注意，我并不是专指时装画这块，我觉得我没办法只靠一种方法维生，而且这样也会变得枯燥。

成为一名时装画师，你最喜欢的是什么？

给自己当老板。

成为一名时装画师，你最讨厌什么？

改图。

你最大的成就是什么？

作品在《纽约客》上发表。

第六章 传统与当代时装画赏析

凯特·吉布（Kate Gibb）

www.kategibb.blogspot.com / info@thisisanoriginalscreenprint.com / www.bigactive.com

请描述一下你的时装画风格。

我是一个插画家，而不仅仅是时装画家。实际上，时装画仅占我工作的一小部分。虽然如此，我的时装画作品都在我最满意的作品之中。要形容我的风格的话，我想应该是强烈的画面图案感，这大概是丝网印刷的特性。色彩运用在大多数印刷作品中占关键地位，同时也是我的绘画作品的优点。

你采用什么工具和方式作画？

我创作的都是丝网印刷作品，大都最终用手绘完成，用画笔、墨水、颜料和铅笔等工作。

如果你能为世界上任意一家时装方面的客户作画，你想是哪家？为什么？

很难回答，我喜欢的设计师很多。我跟德赖斯·范·诺顿(Dries Van Noten)合作过。能跟他们合作非常荣幸，我随时都愿意为其工作。其他品牌我想还有维维安·韦斯特伍德、Eley Kishimoto、卡夏尔（Cacharel）、斯特拉·麦卡特尼，这只是其中一些。

你接受过哪些艺术培训？

真的很多，虽然我认为艺术培训并不是创作的必由之路。我得到了纺织学学位和插画硕士学位。

这些学习对你成为插画家来说准备充分吗？

不如信心的提升和租用工作室来得有用，即使工作开始时总是经济拮据的。大学给我充足的时间进行不同的艺术训练，体验不同的艺术材料，但是我觉得它容易使人陷入错误的安全感中。拥有工作室使我进入创作性的工作环境中。外部的压力（例如付两份租金的压力）激发人的斗志，往往使人创作出最佳的作品，实在是不可思议。

离开学校后，你的第一份插画工作是什么？

我上学时就已经开始了第一份委托创作，当时是在在职研究生阶段，我必须自给自足。我制作了一份学校作品的简单册页，寄给一些我比较欣赏的设计公司，这样，我得到了一份工作，为一支名叫Mono的乐队设计一系列唱片封套。现在想来我都不大敢相信。

你有代理人吗？如果有，他对你有何帮助？

是的，请查看www.bigactive.com网站。代理人对我帮助极大。他们总是积极地寻找客户，并向人们展示我的作品，而我能够专心地在工作室创作，这点对生存很关键。

客户怎么发现你和你的作品？你如何推销自己？

最近我开始建立自己的博客。我和我的代理人会在全球范围内定期寄出明信片和其他邮寄产品。他们还带着我的作品集到处跑，帮我更新网站，使我拥有自己的博客。网络到现在仍让我惊讶不已，它让你的作品更深入人群。

个人网站对你的职业有帮助吗？

网站是通过我的代理人建设的。他们花了很多精力建设网站，使它不仅具有艺术性，更便于浏览。网站给这家代理公司带来很多生意，全世界的人都可以随时获得画家的作品和作品集。

你是否从事其他领域的插画、艺术和设计工作？

是的，其他工作占去我大部分时间。我大部分的工作是关于音乐和出版业的。

你最大的成就是什么？

我觉得一路走来，我有很多不错的成就，其原因各有不同。但是，每天以做自己喜爱的事情来生活，大多数时候就像在玩，这应该是最棒的。

给新手时装画师提一条建议，你会说什么？

不断接受挑战，别只为自己开心。

第六章 传统与当代时装画赏析

罗伯特·瓦格特（Robert Wagt）

www.lindgrensmith.com / www.margarethe-illustration.com

请描述一下你的时装画风格。

图画感、多彩的风格。

你采用什么工具和方式作画？

拼贴、照片和Photoshop。

完成一幅插画你要花费多长时间？

取决于它的复杂程度和客户。

哪种面料是最难画的？

我没有这个问题。

什么是你不可或缺的时装画工具？

我想缺了任何一个工具我都能做得很好。

小时候希望长大以后做什么？

画家或者艺术家，不过后来我想成为国王和打扫烟囱的人。

你接受过哪些艺术培训？

我在艺术学校学习过。

这些学习对你成为插画家来说准备充分吗？

我准备得很不好，所以很努力学习。

你有代理人吗？如果有，他对你有何帮助？

是的，他是我和客户之间的中间方和调节人。

客户怎么发现你和你的作品？你如何推销自己？

作品簿、陈列柜、《黑皮书杂志》、邮寄材料和网站。

你有个人网站吗？

没有。

给新手时装画师提一条建议，你会说什么？

千万不要跟随他人，按你的信仰去做。它就存在于你心里，不管你想抓住什么。心中要有爱、有智慧、有坚定的个人见解。

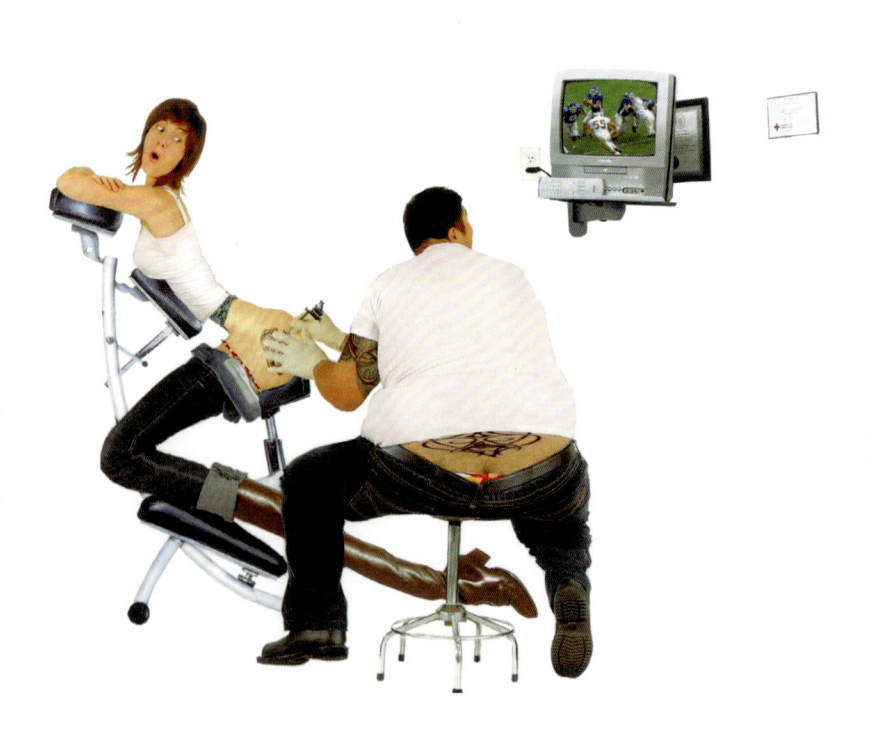

第六章 传统与当代时装画赏析

维多利亚·鲍尔（Victoria Ball）

www.illustrationweb.com / team@illustrationweb.com

请描述一下你的时装画风格。

不拘一格、古朴。

你采用什么工具和方式作画？

多种方式结合，拼贴和数码制作。

完成一幅插画你要花费多长时间？

跟作品的复杂程度有关，至少得一天，一般会更久。

什么是你不可或缺的时装画工具？

应该是扫描仪、照相机和Photoshop软件。

如果你能为世界上任意一家时装方面的客户作画，你想是哪家？为什么？

马修·威廉姆森（Matthew Willamson）。我喜欢他作品的印花、纹理和色调。

小时候希望长大以后做什么？

当艺术家。

你接受过哪些艺术培训？

我在格罗斯特高等教育学院进行艺术与设计基础学习，并在费尔茅斯艺术学院获得插画专业一等荣誉文学学士学位。

这些学习对你成为插画家来说准备充分吗？

真的非常有帮助。费尔茅斯艺术学院非常注重职业实践。学校的所有导师都同时从事插画工作。学校在培养视觉传达的扎实功底的同时，鼓励所有学生建立属于自己的风格。我们培养自己喜欢的，而不是被动地接受印刷式的统一风格。而且，学校毗邻海边，这还不够吗？

离开学校后，你的第一份插画工作是什么？

给独立儿童电视台的一部儿童电视节目《里普利与斯卡弗》制作50张插画。我一毕业就得到了这份合约！

你有代理人吗？如果有，他对你有何帮助？

是的。Illustration公司。他们非常优秀，不仅做了许多宣传工作推广我，在洽谈新工作时也承担了许多实际工作，为我省下更多的时间画画。

客户怎么发现你和你的作品？你如何推销自己？

代理人网站、我的个人网站和口碑。

个人网站对你的职业有什么帮助？

它使我的名字更加为人所知。在网络上争取尽可能多的认知度，效果很不错。

成为一名时装画师，你最喜欢的是什么？

寻找各种漂亮的复古花纹及面料小样，根据它们制作漂亮的图画。

成为一名时装画师，你最讨厌什么？

催命的交稿时间！

你是否从事其他领域的插画、艺术和设计工作？

没错，除了杂志的编辑工作，我还设计贺卡、包装纸和信纸等的图片，还有围裙、厨房服务器、瓷器、广告、包装、书籍封套。我还创作儿童读物插画。

给新手时装画师提一条建议，你会说什么？

努力工作，不要惧怕有用的批评，它会帮你提高自己。最重要的是，尽情享受。

第六章 传统与当代时装画赏析

安妮卡·韦斯特（Annika Wester）

www.annikawester.com / www.cwc-i.com / agent@cwc-i.com

请描述一下你的时装画风格。

清新的线条，描绘匀称的轮廓。细节刻画细致入微。柔美的大眼女孩。

你采用什么工具和方式作画？

主要使用墨水笔和水粉颜料。

哪种面料是最难画的？

透明硬纱和薄纱。

什么是你不可或缺的时装画工具？

墨水笔。

你接受过哪些艺术培训？

我学习过美术，包括绘画和印刷等。

离开学校后，你的第一份插画工作是什么？

是为《布达佩斯周刊》（Budapest Week）作封面创作，这是匈牙利的一份英语周报。

你有代理人吗？如果有，他对你有何帮助？

CWC和CWC-i是我的代理，我通过它们与客户沟通合作，接下让我满意的工作。两家代理都很擅长根据我的画风寻找适合我的工作。

客户怎么发现你和你的作品？你如何推销自己？

我在纽约和东京的代理都颇有名气。我会不时地给欧洲客户寄宣传卡片，并以电子邮件方式发送我的作品。

你有个人网站吗？个人网站对你的职业有什么帮助？

是的，效果很不错。虽然我的网站只放了一些我的插画和文字内容，但获得了不错的反响。网站里没有他人的设计作品，很自我。

当时装画家是一份好工作吗？

如果全身心投入，它是。如果不能，我想就不是了。

成为一名时装画师，你最喜欢的是什么？

我可以用我的方式来呈现所见所感。

成为一名时装画师，你最讨厌什么？

可能是我的才能在大多数人眼中被框定了。其实我能画很多东西，比如食物、建筑物、风景等。

你是否从事其他领域的插画、艺术和设计工作？

过去这几年来，我创作的儿童和青少年作品数量不断增加，特别是书籍类作品。我的书法也不错。

你最大的成就是什么？

在我职业生涯之初，我能够勇于展示自己的作品，并独身闯荡。那时我从瑞典到纽约找工作，得到了一些很不错的工作机会。

给新手时装画师提一条建议，你会说什么？

努力越多，收获越大。

第六章 传统与当代时装画赏析

马克斯·格雷戈尔（Max Gregor）

team@illustrationweb.com / www.illustrationweb.com

请描述一下你的时装画风格。

我一直是动画片和超级英雄的发烧友，它们对我的作品影响很大，加上照片写实主义及20世纪50年代的贴图艺术的影响，我的风格是一种田园式的写实图画。

你采用什么工具和方式作画？

我的作品是先用手工绘画，然后在电脑上使用Photoshop以及一个叫Corel Painter的程序上色。

哪种面料是最难画的？

有光泽面料一般要花费最多时间，比如PVC、莱卡这类面料。

什么是你不可或缺的时装画工具？

我的照相机。我在准备绘画时，通常都会以一些照片作为参考。因为真人的脸通常都会有这样、那样难以掩盖的瑕疵，这样的瑕疵完全天然，我认为它们使作品变得鲜活，使之看起来不会像时装人体模型画。

如果你能为世界上任意一家时装方面的客户作画，你想是哪家？为什么？

实际上，我的好友乔治·格拉斯基即将完成自己的首个时装作品系列，我正在为他制作宣传图。我认为在创作作品时需要加入一定的个人因素。当你对某份工作投入某种情感，比如友情时，往往更易成功，会获得更好的反响。

小时候希望长大以后做什么？

当能够以牙齿拉动货车的壮士，或是半兽人。

你接受过哪些艺术培训？

我靠的是自学。从教人画画的漫画书上我学习了很多绘画技巧。我的画家父亲和设计师母亲也教了我很多东西。

这些学习对你成为插画家来说准备充分吗？

它让我保持积极开放的心态，学习不同的构图流派，帮助我形成自成一格的思维形式。

你有代理人吗？如果有，他对你有何帮助？

有，代理人很厉害！这些好人们不时给你打电话，告诉你"某某想付你钱，只要你给他们画一幅画就行"。我得到的最好的事物中肯定便有获得代理人帮助的这一项。

客户怎么发现你和你的作品？你如何推销自己？

通过我的代理人。不过我同时还通过多年的好友接很多专业性更高的工作，例如壁画和漫画等。

你有网站吗？网站对你的职业有什么帮助？

暂时还没有。我正在和朋友合作，制作专属我的领地，它本身就将是一件作品，而不是另外一个画廊或商店。

当时装画家是一份好工作吗？

看你是不是喜欢画画，还有是不是为整天独自待在工作室里做好准备。

成为一名时装画师，你最喜欢的是什么？

朋友茶几上的杂志里有一幅自己的作品，那简直能带来一片兴奋！

成为一名时装画师，你最讨厌的是什么？

这不是一份与人沟通协作的工作，你自己就构成一个公司，这是必须习惯的。

给新手时装画师提一条建议，你会说什么？

比你努力、比你好看、比你有趣、比你会穿衣的人总是存在，但你还是可以继续画下去。

第六章 传统与当代时装画赏析

塞西莉亚·卡斯特德（Cecilia Carlstedt）
www.ceciliacarlstedt.com / info@ceciliacarlstedt.com / www.art-dept.com

请描述一下你的时装画风格。

兼收并蓄，热爱反差之美。

你采用什么工具和方式作画？

我采用传统工具，例如铅笔、墨水与现在技术包括Illustrator、Photoshop软件和摄影等的结合。

如果你能为世界上任意一家时装方面的客户作画，你想是哪家？为什么？

只要是真正探索并拓宽服装与艺术之联结的人，我都很有兴趣，就像维克托和拉尔夫（Viktor & Rolf）或侯塞因·卡拉扬（Hussein Chalayan）。

你接受过哪些艺术培训？

我是在瑞典桑德拉拉丁中学开始进行正规的艺术与设计学习的。以A等级毕业后，我在斯德哥尔摩大学学习了一年的艺术历史。1998年，我被伦敦印刷学院招取，学习平面设计预科课程。我获得了该课程实验图像制作专业的文学学士学位。该课程还向学习者提供为期五个月的与纽约时装技术学院的交换项目。

这些学习对你成为插画家来说准备充分吗？

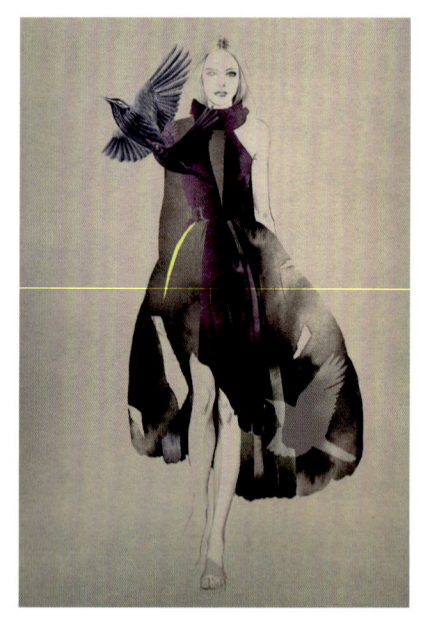

我认为，能够花上几年时间专心研究与钻研插画是很充分的准备。学习能带来该领域所需的扎实基础和全面知识。不过行业运作、首次开工时的自我宣传以及应对紧张的截稿日，才是真正的挑战，它使人充分经历成为插画家的过程。

小时候希望长大以后做什么？

一直都想要画插画。

离开学校后，你的第一份插画工作是什么？

我接到的第一份工作来自瑞典版Elle杂志，为他们创作下一季流行趋势的时装画。

你有代理人吗？如果有，他对你有何帮助？

我有几个代理人，他们分别在不同的国家代表我。代理人为我宣传、帮我的作品发表到国外、拿到新的委任、讨价还价、监督合约的履行等。他们几乎承担了我不擅长或没时间亲自打理的所有事情。

你是否从事其他领域的插画、艺术和设计工作？

各种类型的插画我都创作，我的理想是向艺术进一步迈进。

给新手时装画师提一条建议，你会说什么？

形成鲜明的个人风格，跟上行业风云变幻。制作网站，加入社交网站，制作名片，制作作品集，主动与想为之工作的人联系。代理商、杂志、广告公司不是可简单争取到的。你不一定一开始就能获得回应，但你必须尽可能多地展示自己的作品。你联系过的人并不一定没有看你的作品，有可能已经记下你并已将你留作将来的选择！

第六章 传统与当代时装画赏析

蒂娜·伯宁(Tina Berning)
www.tinaberning.de / www.cwc-i.com / agent@cwc-i.com

你采用什么工具和方式作画？

只要适合就行。

完成一幅插画你要花费多长时间？

可能五分钟就够，也可能要几天时间。视当时的情绪和构思而定。

你接受过哪些艺术培训？

我学过设计，主要是插画制作，然后就是不停地画。

离开学校后，你的第一份插画工作是什么？

我还在求学时就为一种面包包装纸袋作画，在画面上，一排木架结构的屋子前，快乐的人们手持脆饼和法国面包。现在在巴伐利亚也就是我上过学的地方，他们卖脆饼时还用这种袋子。

你有代理人吗？如果有，他对你有何帮助？

我在美国、亚洲、德国、比（利时）荷（兰）卢（森堡）地区及英国都分别有代理人。坐在工作室里的人，不可能像代理人一样获取更多的市场机会。只要代理人认真对待你的工作，而你也充分尊重他的工作，代理能够为你带来很大的利益。

你有网站吗？它对你的职业有什么帮助？

网站起重要作用，它需要认真维护，不过由于时间关系，我没有做到。网站用来展示你能为客户提供的东西，不仅包括你已创作的作品，还应有你想要进一步做的。要使你的职业生涯长久延续下去，你必须花费时间及精力不断探索，寻找新的构思。你的艺术是需要每天进步的。当你开始重复自己时，你便陷入瓶颈了。网站用来展示你的作品，是一个最好的表现自己新创意的方式，也不一定非要和工作具体相关。

成为一名时装画师，你最喜欢的是什么？

能够接收到最新的时尚信息。绘画是种解读，在作画时，你要透过表象看本质。时装画使你不再关心品牌，而是关心每一季的内容、形态、线条、花纹和外形的演化与变革。

成为一名时装画师，你最讨厌的是什么？

每天都需要考虑它的表面性。

你最大的成就是什么？

作为一个时装画家，作品刊登在意大利版Vogue杂志上。作为一个艺术家，做任何能够不损害我的艺术的工作。

给新手时装画师提一条建议，你会说什么？

在你最热爱的领域，你永远是最棒的。不要抄袭，它对你没有任何帮助。

第六章 传统与当代时装画赏析

艾米莉·赫格特（Amelie Hegardt）

www.ameliehegardt.com / info@ameliehegardt.com / www.trafficnyc.com / www.darlingmanagement.com

请描述一下你的时装画风格。

它们是非常细腻的，有时带有自画像性质。这些年来，我记住了一些评论（那些让我乐于回味的），他们用感官盛宴、恒久隽永之类的词来形容我的画。我觉得他们实在是过奖了。

你采用什么工具和方式作画？

在纸上用蜡笔、墨水、水和石墨作画。

完成一幅插画你要花费多长时间？

有些时候要花上几周时间，但其他的只需一天甚至几秒钟。

什么是你不可或缺的时装画工具？

Photoshop里的"橡皮擦"和"色阶"工具。

如果你能为世界上任意一家时装方面的客户作画，你想是哪家？为什么？

亚历山大·麦奎因是非常出色的设计巨匠，我很欣赏他在美与丑之间的联结。我喜爱他作品中的黑暗迷幻元素，很希望创作这类事物。

小时候希望长大以后做什么？

我觉得小时候并不知道自己想做什么，但很明白要去寻找。回看过去，看起来我像把一切都安排好了，其实并不如此。

你接受过哪些艺术培训？

我在斯德哥尔摩艺术学校、斯德哥尔摩大学和伦敦圣马丁学院学习过艺术史。

这些学习对你成为插画家来说准备充分吗？

我必须说，命运对我的学习之路自有安排。我第一年的预科学习在这一点上表现得最明显。当时我需要学习很多技法，但我却觉得我自有为之奉献的所在。正是这点激励我继续前行。

离开学校后，你的第一份插画工作是什么？

在我上学时，给意大利版的 *Vogue Gioiello* 杂志打过工。换作今天，我保证能比当时做得更好。后来我来到纽约，与其他九位艺术家一起入选为《黑皮书杂志》（*Blackbook Magazine*）制作六页插画。之后几星期，我便与我的首个代理人签了约。

客户怎么发现你和你的作品？你如何推销自己？

我的代理人会帮我推广，此外客户也会通过刊登的作品找到我。

你有网站吗？网站对你的职业有什么帮助？

我的网站即将完成。之前没有网站时我也能够应付，不过我想有个网站也不错。

成为一名时装画师，你最喜欢的是什么？

睡懒觉、自己的工作室。其实我从事的是一份非常传统的职业。在其中，我尤其喜爱手工绘画的诗情画意。最重要的是，在大多数情况下，这份职业让我更贴近自己。

成为一名时装画师，你最讨厌的是什么？

我觉得我们都曾经历过这种状况，你没灵感的时候，却面临着交稿期。

给新手时装画师提一条建议，你会说什么？

倾听自己的声音，别丢掉做梦的权利。

第六章 传统与当代时装画赏析

:puntoos工作室

www.trafficnyc.com / info@trafficnyc.com

请描述一下你们的时装画风格。

我们的插画场景设置具有现代感，在亮丽的背景上画人物轮廓，以高精度图像为特色。我们制作的是以照片为基础的矢量图，这样我们能够随时修饰与改进自己的插画。

你们采用什么工具和方式作画？

我们使用24英寸的iMac电脑，运用Illustrator软件以及Wacom数位板，再加上尼康D90相机。我们通过杂志、网络和个人照片寻找相关素材。素材收集阶段对我们而言是最关键的一环，据此我们选好照片（来自个人照片、杂志、书籍等），拍摄自己所需的照片，然后放到Illustrator软件里制作绘画。我们喜欢使用大屏幕工作。因为你需要在电脑前待很长时间，让自己舒服点，工作才能进行得更好、更快、更顺利。

哪种面料是最难画的？

对我们来说，难点并不在于面料。我们创作的是无深浅反差的单纯彩色图案，而不经常创作有深浅阴影、渐变色和逼真纹理效果的插画。不过，我们觉得，针对客户的要求，我们也能够很专业地改变自己的风格。

你们接受过哪些艺术培训？

我们俩都是在西班牙瓦伦西亚理工大学学习艺术，后来我们在英国南安普顿索伦特大学就读摄影文学学士（荣誉）学位时认识对方。

你们如何推销自己？

方式不固定。我们的美国代理做得很出色，给我们带来不少新客户。根据不同的工作，在我们想给杂志工作时会不断联系对方，直到获得工作。不过大多数情况下是人们主动联系我们，而且我们接商业性的工作不多。

你们是否从事其他领域的插画、艺术和设计工作？

是的，我们同时还做平面设计，并与室内设计师合作。我们还给一家艺术印花及纺织公司制作插画，从其销售情况看，我们赢得了消费者的热爱。插画可以应用于许多载体，包括面料、纸张、塑料、悬挂饰物等。

当时装画家是一份好工作吗？

是的，毋庸置疑。它也会有起有落，但这跟任何工作一样，所以我们热爱这一切。由于是独立性的工作，你必须严格自律，合理安排自己的时间。不过，这同时也是生活。在工作时，我们能够听听自己喜欢的音乐，没有着衣要求，不是很棒吗？

你们最大的成就是什么？

我们更愿意这么认为：最好的还在路上。但是，能从事这份工作这件事本身就是一项很大的成就。创造出新事物的理想让我们更有活力。每天都是一个新的开始。

第六章 传统与当代时装画赏析

路易丝·加德纳（Louise Gardiner）
www.lougardiner.co.uk / loulougardiner@hotmail.com

请描述一下你的时装画风格。

古灵精怪、诙谐逗趣，着力于人物本身和其穿着，而不仅是时装。

你采用什么工具和方式作画？

素描、颜料绘画和缝纫机绣花。

什么是你不可或缺的时装画工具？

钢笔。

小时候希望长大以后做什么？

农夫或演员。

你接受过哪些艺术培训？

接受了纺织学及插画专业的预科班、学士学位和硕士学位学习。

这些学习对你成为插画家来说准备充分吗？

我学着去绘画，然后沉醉其中。

离开学校后，你的第一份插画工作是什么？

毕业后我几乎放弃了插画，直到几年后，才为《卫报》创作。

你有代理人吗？如果有，他对你有何帮助？

我有代理人，但基本上我都自己出面，因为我喜欢与人商谈。我只会把大的委托项目交给画廊和代理人，让他们为我宣传推广。而这种机会很少——尤其你是专攻绣花的！

客户怎么发现你和你的作品？你如何推销自己？

我在国内和国际进行巡回演讲、授课和展览，到目前为止，主要靠知名度推销自己。我会设计销售背面带有小段自述的卡片。在做得到的范围内，我不向机会说"不"，我接很多工作。

你有网站吗？个人网站对你的职业有什么帮助？

是的，它让事情更轻松，不需你费心，人们就能了解你所做的事情。唯一的烦恼是它需要时常更新，所以需要建设一个你能够自己更新的网站。

当时装画家是一份好工作吗？

它绝对可以是前途无量的，但有时也会带来极大的挫折和压力，大起大落。这不是一份轻松的差事。

成为一名时装画师，你最喜欢的是什么？

我是自己的老板。除了我妈妈，我不用应和任何人。

成为一名时装画师，你最讨厌的是什么？

自己管理账户，付很大一笔税。

你是否从事其他领域的插画、艺术和设计工作？

是的，我的主要工作是私人委托和定期展览。我还接受医院和书本插画的委托，我喜欢多做些事。

你最大的成就是什么？

现在能够委婉地向不想做或钱太少的工作说"不"，也能够向钱不多但我想做的工作说"好"。我了解到自己必须诚实对待工作并投入全身心。

第六章 传统与当代时装画赏析

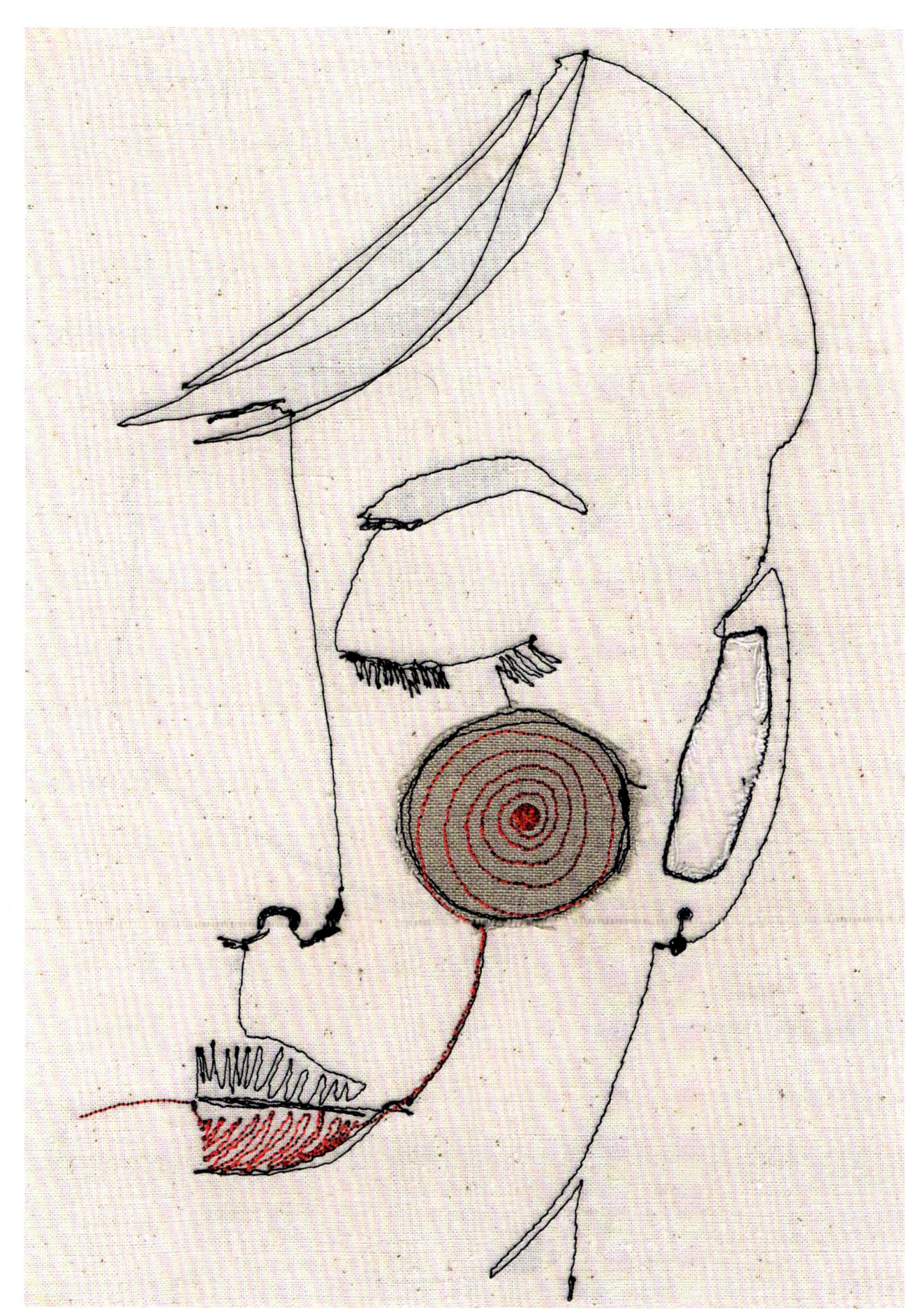

蒙塔娜·福布斯（Montana Forbes）

www.montanaforbes.com / me@montanaforbes.com

请描述一下你的时装画风格。

醒目的线条、鲜艳的色彩和抽象的概念表述。

你采用什么工具和方式作画？

钢笔和铅笔素描，再导入Photoshop制作。

什么是你不可或缺的时装画工具？

铅笔。

小时候希望长大以后做什么？

艺术家或是现代芭蕾舞者。

完成一幅插画你要花费多长时间？

一般要花费1~3天，这跟细节刻画有关。

哪种面料是最难画的？

锦缎、方格织物以及精致的蕾丝面料。

离开学校后，你的第一份插画工作是什么？

为伦敦市中心一家发廊制作美容美发插画。

如果你能为世界上任意一家时装方面的客户作画，你想是哪家？为什么？

我最近迷上了克洛伊(Cholé)，受到了该品牌创新精神的启发。它用现代化的创造性设计，表现出了田园式手工制品的影响力。

你有代理人吗？如果有，他对你有何帮助？

是的，他们就工作细节与客户沟通，并向更多的人群推广我的作品。

客户怎么发现你和你的作品？你如何推销自己？

从代理公司那里我得到很多客户，在伦敦一家画廊（Eyestorm画廊，www.eyestorm.com）我也有艺术印刷品出售，还有即将完成的个人网站。

你有网站吗？个人网站对你的职业有什么帮助？

我正在建设个人网站，我将放上自己的插画作品，以艺术为基点，加上当代视角。

成为一名时装画师，你最讨厌的是什么？

在孤立的空间里工作，社交行为极少。

你是否从事其他领域的插画、艺术和设计工作？

是的，我还是纯艺术家。

第六章 传统与当代时装画赏析

埃德温娜·怀特（Edwina White）
www.edwinawhite.com / fiftytwopickup@gmail.com

请描述一下你的时装画风格。

手工制作的、叙事性强、具有角色推动力且注入诙谐色彩的图画。

你采用什么工具和方式作画？

铅笔、墨水、颜料、茶、拼贴、旧报纸。

什么是你不可或缺的时装画工具？

一支削尖的铅笔。

如果你能为世界上任意一家时装方面的客户作画，你想是哪家？为什么？

普拉达时装屋。

小时候希望长大以后做什么？

跳伞者或是漫画家。

你接受过哪些艺术培训？

设计学校中的课程和持之以恒的练习。

你有代理人吗？如果有，他对你有何帮助？

是的。她让我可以住在纽约就能接受来自世界各地的客户的委托，代理人还帮我洽谈生意，联系接洽事宜。

客户怎么发现你和你的作品？你如何推销自己？

通过代理人的网站、我的艺术工作和口碑。

你有网站吗？个人网站对你的职业有什么帮助？

现在正在建设中！它将使我更成熟。

时装画家是一份好工作吗？

当然是，我制作各种各样的图片。如果我能够加入一些情景及角色刻画，我会非常满意。它也会很引人入胜，趣味十足。

你是否从事其他领域的插画、艺术和设计工作？

当然。我是一名艺术家、动画设计人、产品设计师以及社论插画家。

你最大的成就是什么？

能够养活自己并热爱自己的工作。

给新手时装画师提一条建议，你会说什么？

做自己。经过大量的尝试，形成自己的风格，并适用于作品。

第六章 传统与当代时装画赏析

温迪·普罗曼德（Wendy Plovmand）

www.wendyplovmand.com / mail@wendyplovmand.com / www.centralillustration.com / info@centralillustration.com / www.trafficnyc.com / info@trafficnyc.com

你采用什么工具和方式作画？

我的手法是多层次的，结合手绘图案与Photoshop软件绘制纹理和数码图案。我喜欢不断拓展自己的风格，多般尝试。有时我甚至会运用在插画中的丙烯颜料画细微环节。

完成一幅插画你要花费多长时间？

嗯，它是由尺寸、主题、限定条件、细节层次等决定的。不过一般都要用八小时到一周时间！

哪种面料是最难画的？

我不常刻画面料，我更着重于花纹。

如果你能为世界上任意一家时装方面的客户作画，你想是哪家？为什么？

我狂烈热爱巴黎世家、克洛伊、安娜·苏和马克·雅各布斯。能和上述任何一家合作都是极美妙的事情。我喜欢它们的个性风格、它们使用的花样。它们的产品系列常常令人印象深刻、惊艳不已。他们的服装带给我启发！

什么是你不可或缺的时装画工具？

水彩画和我的电脑。

小时候希望长大以后做什么？

我想成为时装设计师，我自己缝了好多怪模怪样的服装，让我的同学们穿上它们，还录下自己一手导演的一场完整的时装秀！可是结局却走了样。后来我上了丹麦设计学校学时装专业。我发现我不喜欢针线活，而更热爱讲述不同的故事，所以我决定改学平面设计。

离开学校后，你的第一份插画工作是什么？

我的第一位客户就是个大客户，当时我仍然在艺术学校上学。我完成了一个校内功课，为丹麦皇家剧院设计250周年海报以及给丹麦皇家礼拜堂制作550周年海报。我打定主意，把作品呈送给皇家剧院和皇家礼拜堂，而他们就雇我来做这份工作！成立了我的个人工作室后，我的第一个客户是丹麦一家时尚杂志，至今我仍与其合作。

客户怎么发现你和你的作品？你如何推销自己？

一年中，我会寄好几次关于近况的电子邮件，主要是几个月内的情况。我只向认识的人或至少见过或谈过的人寄信。我的作品刊于世界各国一些很不错的刊物上以及各大图书出版商的书籍中，我还接受了多本杂志的专访——我认为这些就是目前人们认识我的作品的途径。当然还可以通过我的代理推销。

你有网站吗？个人网站对你的职业有什么帮助？

是的。网站就像一张名片。如果能以适当的方式呈现自己的作品，并且记得不时更新的话，网站让人事半功倍。我的客户在使用我之前，都会先浏览网站，查看我的作品，所以我认为作为一名插画家，网站是个很重要的工具。

成为一名时装画师，你最喜欢的是什么？

到达我的工作室后，大声播放最喜爱的音乐，投入一份新工作的新奇之旅中，我爱这种感觉。

成为一名时装画师，你最讨厌的是什么？

没办法放松地度假，没办法关掉手机和不接邮件，因为你必须时刻待命。

给新的时装画师提一条建议，你会说什么？

一定要做唯一的。不用去考虑什么卖得好，要形成你自己的插画风格。这样终有一天，客户会因为你的唯一性而找到你。

第六章 传统与当代时装画赏析

清水裕子（Yuko Shimizu）
www.yukoart.com / yuko@yukoart.com

请描述一下你的时装画风格。

我觉得最好是由观赏的人来形容它。形容自己的作品总是很难。

你采用什么工具和方式作画？

我以画笔和墨水在水彩纸上作画，用Adobe Photoshop软件上色。

哪种面料是最难画的？

我颇擅长画各种面料。你可能认为这只是时装画家的要求，其实任何领域的插画家都应懂得如何画不同的纹理才能使作品更丰富。我最喜欢画毛衣。我喜欢织毛衣，不过目前实在是没空自己织了。

什么是你不可或缺的时装画工具？

素描画。我可以没有Photoshop，没有色彩，但我却钟爱素描。墨水、铅笔，只要你说得出的都行，只要材料能让我作画就够了。

如果你能为世界上任意一家时装方面的客户作画，你想是哪家？为什么？

我真地喜欢很多设计师，不过如果让我缩小范围的话，我会倾向艺术气息更重的、把时装几乎视为一项艺术或观念艺术来演绎的设计师。比如戈尔蒂埃（Jean Paul Gaultier）、侯塞因·卡拉扬、蒂埃里·穆勒（Thierry Mugler）、阿瑟丁·阿拉亚（Azzedine Alaia）、亚历山大·麦奎因、约翰·加利亚诺（John Galliano）、马丁·曼吉拉（Matin Mengele），这只是其中一部分。

小时候希望长大以后做什么？

我想成为一名艺术家。

你接受过哪些艺术培训？

纽约视觉艺术学校插画艺术硕士学位的学习。

这些学习对你成为插画家来说准备充分吗？

在搬到纽约并重回课堂前，我获得了市场营销和广告学专业学士学位，并在日本公司工作了一段时间。有了这两个学位，我觉得的确为我成为一名艺术家并以小型生意来经营奠定了足够的基础。

离开学校后，你的第一份插画工作是什么？

在研究生教育阶段，我便已经开始工作，所以我的第一份工作不是在毕业后。不论如何，我得到为《乡村之音》（Village Voice）制作肖像插画的工作，还给《纽约时报》创作了一幅小图，这两幅作品在同一天刊出。

你有代理人吗？如果有，他对你有何帮助？

一直以来我都没有代理，不过现在有了，分别在伦敦和纽约。有一些插画消费领域对于独立插画家而言，的确是很难企及并向其推广的，其中主要是广告客户。拥有精明生意头脑且可靠的代理人的确会对你有所帮助。当你决定使用代理人时，并不是所有代理人都胜任，你必须挑选你处得来而且本身也具备足够条件的代理人。

你如何推销自己？

主要是靠我的网站以及现有作品，包括插画年鉴、杂志、书籍等。我的代理也会为旗下艺术家做很多推广工作。我认为网络是属于21世纪的推广工具。

给新手时装画师提一条建议，你会说什么？

一定要爱你的工作并兢兢业业。不管你选择什么工作，人生从不是一条易行之路，那么就选那条让你最快乐的道路吧。只要你能感到快乐，你就能做好！

第六章 传统与当代时装画赏析

詹姆斯·迪格南（James Dignan）

www.jamesdignan.com / james@jamesdignan.com

请描述一下你的时装画风格。

希望它能自己描述，不过无非是线条感与图案感，或是绘画感与图案感。它有调侃之趣，诙谐之风，人物四肢较长。

你采用什么工具和方式作画？

丙烯颜料或水粉颜料以及有色墨水、Liney-Rotring细钢笔、我的幸运之笔Montblanc Meisterst CK、画笔、墨水以及Photoshop软件。

哪种面料是最难画的？

不吸引人的面料！男士西服面料也比较棘手。

什么是你不可或缺的时装画工具？

我的想象力。

如果你能为世界上任意一家时装方面的客户作画，你想是哪家？为什么？

迪奥高级时装。它总是在这一整季都令我无法忘怀，给我带来无限欢乐。

小时候希望长大以后做什么？

考古学家。

你接受过哪些艺术培训？

我在巴黎Studio Berçot设计学院学习时装设计与时装画。

这些学习对你成为插画家来说准备充分吗？

它让我深深置身于巴黎时装业。Studio Berçot设计学院就像一个高度浓缩的时装实验室，其中充满了各种个性特征。一开始他们很挑剔，特别是当我从不那么时尚的地区（澳大利亚）来到他们之中时。所以这个过程有些类似自我拆解和重塑的过程，对于自由插画家来说是些很好的人生课程，你得有一定的厚脸皮功夫和策略智慧。

离开学校后，你的第一份插画工作是什么？

我为克洛伊和吉尔·桑达（Jil Sander）的秋/冬系列制作了宣传资料袋插画。当我回忆起这段往事时，觉得这是一个良好的开始。

你有代理人吗？如果有，他对你有何帮助？

我有四个代理，分别在纽约、阿姆斯特丹、东京和汉堡。他们代表我做出很多出色的工作，包括宣传推广、沟通建设和谈价交易方面，都是我肯定没有时间和能力全部做好的。我爱我的代理们！他们让好事连连。

成为一名时装画师，你最喜欢的是什么？

和客户间互有所得，各方都满意结果。

成为一名时装画师，你最讨厌什么？

没有更丰富的方式。我认为是因为看世界的方式没有拓宽而导致自己更加贫乏。有那么多优秀的插画家，却只有这么些可用的方式。我也不喜欢扫描这件事。

当时装画家是一份好工作吗？

如果你为之坚持，它是一份棒极了的工作。有更多的需求在等待，不过由于文化和感受的不同，需求差异很大。

你是否从事其他领域的插画、艺术和设计工作？

是的，我做大量编辑插画、广告、印花设计和陶瓷装潢。基本上，只要有一块平面，我就要在上面画一画。我每天都得创作些什么。

第六章 传统与当代时装画赏析

彼得拉·多夫卡瓦（Petra Dufkova）
www.illustrationweb.com

你采用什么工具和方式作画？

我最喜欢的绘画工具是水性颜料，特别是水粉颜料。这些传统的绘画方式成为我指示性的风格，让我不断尝试，创作新的效果并尝试与其他绘画工具的新结合，比如墨水或清漆。

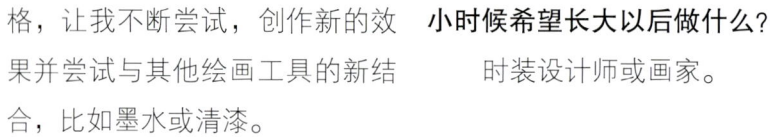

小时候希望长大以后做什么？

时装设计师或画家。

你接受过哪些艺术培训？

我一开始在捷克一家技术学校学习应用美术。2008年，我从德国慕尼黑ESMOD国际时装学校以服装技术员和造型师专业毕业。

这些学习对你成为插画家来说准备充分吗？

在学生阶段，我在德国、西班牙和中国等地参加了很多项目和竞赛。我为一本儿童读物画插画，还给Snowboarder杂志画过几页插画。

离开学校后，你的第一份插画工作是什么？

给一家网站制作时装画。

你是否从事其他领域的插画、艺术和设计工作？

我还为Macel Ostertag品牌工作，从事造型师和时装设计师之职。

第七章 未来发展：引导

本书旨在讲授时装插画艺术表现中的超越式手法，带领大家打破常规，重新审读时装画，让读者穿行于时装插画的艺术长廊。但仅靠这些并不足以使人在这份职业上获得成功，要在时装业中站稳脚跟，需要以扎实的脚步前行。不管你是把时装画视为一份职业，还是作为时装设计学科中的部分内容来学习，在最后这一章中都将就你可能关注的话题进行讨论。本章中含有业内专家的箴言与实践建议，可帮助你在今后的竞争中应对自如。

作品集制作

不管是准备大学入学，还是找寻一份插画师工作，你都需要一份作品集，即平面式展示自己作品的手提文件夹。作品集就类似一份完整的个人简历，让观看的人知晓你的特长在哪儿。让人过目难忘的视觉印象在时装界至关重要，因而必须将作品集当做有效的自我推销工具。

作品集规格可由A4到A1不等，其中A3（42cm×29.7cm）和A2（59.4cm×42cm）形式是时装作品集普遍采用的规格。这样的大小不仅方便观看，而且易于携带。如果你只能负担一本作品集的费用，最好还是根据自己的个人作品风格，首先选定恰当的规格，再参考作品集规格来设计作品。但是，别让作品集篇幅限制了创造性——大件插页或是经彩色复印机缩小的图，都能加入作品集。

鲍比·多弗（Poppy Dover，2008年伦敦毕业生时装节作品集奖得主）以20世纪80年代及90年代初凌厉的模特造型和潮流偶像为灵感，创作中性外观的时装系列，而这种属于当今的凌厉女性形象使其表达的疏离闲淡的生活态度臻于完美。下身服装的剪裁线条紧贴人体，上身服装则形式各异，同时把重点放在对颈部的遮掩上，两者间形成对比。不规则的上衣里面叠穿较长的内搭衣，创新了80年代的经典斜裁样式。这一排作品选辑的阵容共表现了6套服装。

第七章 未来发展：引导

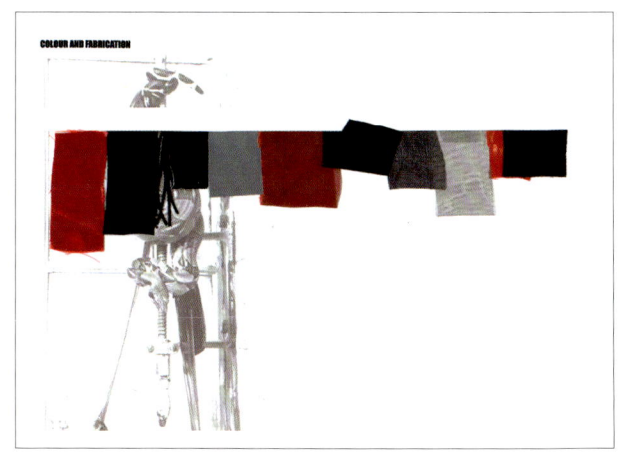

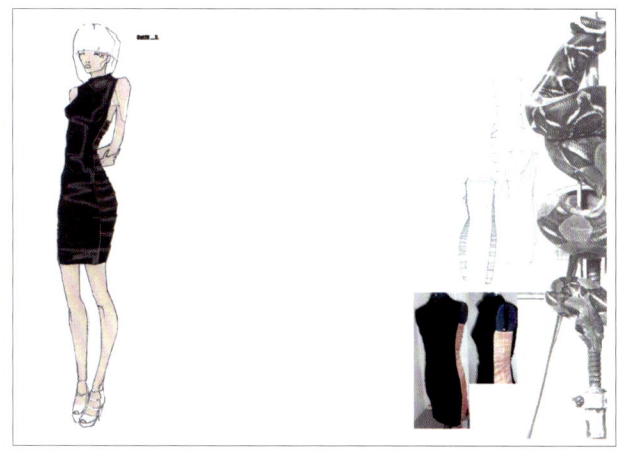

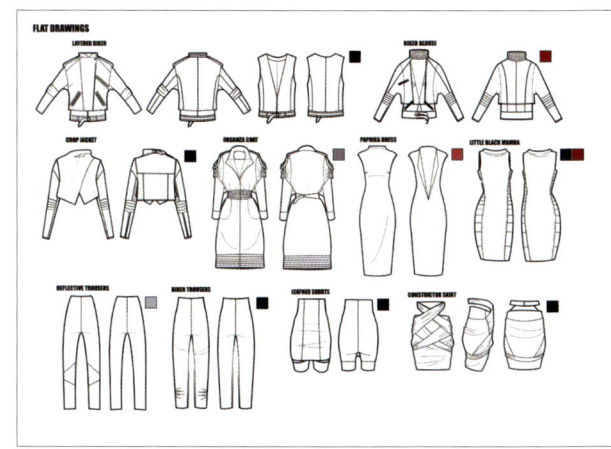

　　一个结实的作品集文件夹能让你的工作保持干净利落。应好好对待作品集，其中的作品得让自己满意。在时装界这个极度依赖视觉印象的世界中，页面的破损、边角的折卷以及纸张的沾污，都会给人留下不好的印象。可以用能夹于作品集书脊上的透明塑料套妥善保护你的作品。

　　作品集中，作品的前后次序需要保持流畅。次序的排列要引人入胜，使人带着期待不断翻阅下去。把最好的作品分别放在开始和结尾不失为一种好方法，因为它们会是令人记忆最深的，也就是所谓的"讨论热点"，能让观者愿意进行更多的讨论。一定要注意，只能选取自己愿意提及的作品。如果你对某件作品并不特别有信心，千万不要放进作品集里。

　　各种五花八门的方式都可以用来分类你的作品。按时间排序能够表现水平的增进，而按照方案主题与风格进行排序，可以使作品前后次序多元化。记住，人们都是第一次看这份作品，因此你的作品集必须告诉他们你所探索的寓意，做出明确的概要，让别人不需要再提问。类似地，也不应让观者需要转动作品集才能以同一个角度来观看作品——所以应保证各页的方向不变。为了保证连续性，需要运用一定的逻辑安排作品，将不同项目分类以明晰作品。

上图

　　多弗运用了扭曲缠绕的蛇作为形象标记以及面料的纹理参考，加强穿衣者的性感度。做旧的红色和黑色也加强了这种感觉。作品主要部分包括直线型的透明硬纱外套，有膨起的袖口和肩上加的拉紧式肩章，再配以光亮的紧身面料制作的莱卡衬衫以及分层式机车皮夹克，夹克外层以尼龙拉链闭合一部分。这几张作品集摘图展现了多弗的灵感来源、面料选用、时装人物和服装平面图。

下页图

　　在她的时装画和时装摄影中，多弗保持着统一的专业化版面布局，以干净纯白的背影和与时装系列一致的基础色调来表现。

继续教育作品集

如果你将作品集用于申请时装课业的继续教育（比如，完成艺术预科课程后申请学位课程学习），则需整理一份能表现你的优势和能力的作品集。大多上述建议都可继续适用，不过，由于要向该课程面试者突出表现创作的发展性，因此必须表现出你的未来发展潜力。可展示一系列图像艺术研习过程，包括人体素描、静物画学习、纺织品画样和发散性观察作业。虽然这类作品集要求内容偏重时装，但是你在将来的课程中还会学到时装技巧。面试人希望在你的作品集中发现更多的艺术才华，感到你未来能够在时装方面加以锤炼提升。在这个过程中，专业技能和精雕细琢的时装画作品都不是最重要的，最重要的是你的创意。记住这点，在你的作品集背面加上一些绘画草图或加一些书面文字，让面试人能尽可能地发现你的创造才能。

毕业生作品集

在选择用于作品集的艺术作品时，其专业性是最重要的。你不可能把服装成品搬到面试现场，因此你只能依靠你的作品集使客户留有印象。如果你是毕业生找工作，需在其中加入实际完成过的所有项目。通常可以是与知名企业、公司或行业专家资助院校时装学科相关的项目，企业通常捐助面料或支付适当的费用，并提供相当的奖励。许多服装公司还安排学生参加工读课程或实习以资奖励。在你的作品集中加入实践作品，将表现出对你将要进入的这个行业的了解程度。面试人会对应对截止在即的工作、摘要制作工作和表现最终构思的能力感兴趣，因为它们将如实反映你是否会是一名有

上图与左图

在被问及给其他毕业生的建议时，多弗这样说："在制作作品集时，我问自己的一大问题便是：'我的作品集是否便于阅读？'面试人是第一次看你的作品，如果它不够清楚，他们可能得很费劲才能了解整个流程，并且不遗漏应该看的地方。所以应保持页面整洁，精心挑选图片。作为一名设计师，要对图片有信心，并始终保有个人风格。方案的特别之处，不需要经由花招百出的图示和花哨的文字就可以浮现在作品中。最后一点，不要怯于给这些图画起名，可以用简明的注解表现出你一路过来的想法和提升之路。"多弗目前是麦丝·玛拉(Max Mara)旗下一个子品牌Max & Co的设计师。

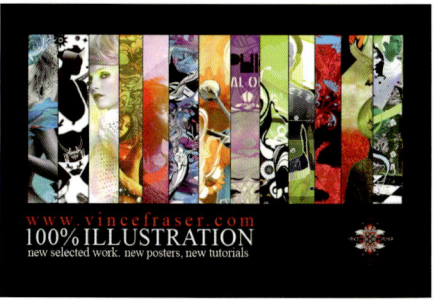

发展潜力的员工。在你的作品集中，列出所参加的国内、国际竞赛，它将反映你在所选择的领域勇攀高峰的事业心、行动力和意志力。时装设计毕业学生还需要在作品集中加入服装作品的宣传照、准备场地或工作室拍照。

职业作品集

在你开始成为职业人士时，你的作品集需要不断更新改进。现在你已经有明确的职业方向和侧重点，这应体现在你的作品集中。你必须更加精心地挑选其中的作品，且能够针对特定的雇主安排作品集。你的作品集可以是以服装设计或宣传插画为主导。与大多数专业人士一样，你也可以在自己的个人网站上展示自己的作品系列。

表现时装艺术作品的方式是多种多样的。本章节的所有图片皆取自从专科到本科各类时装专业的学生作品集。你的作品集必须保有连贯性、多样性，表达的意像令人久久难忘，并以专业的方式制作和表现作品。接下来，对自己的作品集保有自信，你的自信心就能传递出去。

上图

一份数码作品集是让有兴趣的客户最快翻看你作品的工具。在这里，文斯·弗雷泽展示了作为一名职业插画家的自我宣传方式，其中包括对其作品的简介和基本信息、联络方式以及一份简历。把你的作品集内容扫入电脑，以高分辨率保存，并拷贝到光盘，就可以寄给客户，也可以发到网上供人分享。如有需要，你也可以立即使用电子邮件发送作品样本文件，这样你的作品也更易被客户获取。制作便携的数码作品集，你便无需携带实物与面试人会面，但是还要确认客户偏好的方式，因为相比于数码复制品，有些人更愿意观看原图。

未来：做出选择

继续教育

时装业是一个光华无限的行业，令人趋之若鹜，因而时装课程的入学名额往往竞争激烈。在申请前，应研究该课程是否是最适合自己的。大学开课程的目的，是进行与你在时装行业中所从事的工作最为贴合的培训，所以这时选择正确的课程至关重要。它不再是决定学习"时装"这个简单的选择，那些听起来类似的课程却可能有极大的差异。在众多学科中，时装设计和服装结构是最重要的学科，不过时装画和时装宣传通常也是主要的领域。下面列出了各类时装学位课程。

- 演出服装设计
- 时装配饰
- 时装艺术
- 时装品牌推广与新闻学
- 时装设计
- 时装设计与经济学
- 时装设计与零售管理
- 时装企业
- 时装宣传与插画
- 时装摄影
- 针织时装
- 时装工业产品开发

当缩小范围后，可上网搜索可能的学习地点。大多数就学机构都能提供招生简章，可以通过网上或电话订购。招生简章和手册是院校的宣传手段，向人们推销其课程，你从中能够获得大量关于课程概况、教学过程、学校地址和就业率等的信息。很多招生简章还包含了学生对在该校学习的意见，还有社会活动和晚间娱乐活动开展的情况。一些城市每年在大型展览中心开办人才交易会，其中可见各类提供艺术及设计课程的主要就学机构。参加这类展会是一个很好的机会，能够与工作人员谈话，并收集不同的招生简章。

下一步，应该也是在制定决策时最重要的一环，就是考察你有兴趣的几家学校。参加其接待日，参观时带着以下清单，填出答案，能够帮你做出决定。

- 这家学校的学生是什么样子的?
- 课程结构如何?
- 课程的比例分配如何?其中多大部分是文化课和书本学习?
- 是否有最新的机器、技术和设备?
- 我能否有专属的工作空间?
- 工作室实践和车间操作时间是多少?
- 教师团队是否精于教学并善于激励?
- 师生比例是多少?
- 与其他科系之间的联系多吗?
- 与行业之间的联系多吗?
- 修学旅行是去国内和国外的主要城市吗?
- 毕业展在哪里举办?
- 该学校的往届毕业生有何成就?
- 面试人在观看作品集时,主要要求哪些东西?
- 去年报考人数是多少?
- 我喜欢这个学校的位置和氛围吗?它的周边环境是否是我喜欢的?有没有学生公寓?有没有社交活动?

随着问题一一落实,你做出决定后,就将面对学校的面试筛选。不要把它当做一项可怕的煎熬,而应该当成让人留下好印象的机会。事前训练自己的面试技巧。找一名家教进行模拟面试,或是让家人提问适合的问题。学校与学校之间的面试方式差别极大。一些学校要先看作品集再决定是否面试该学生,另一些学校则让你把作品集带到面试现场并进行问答环节。提的问题也不同,所以应准备不同方向的问题。记住,提问并不是想要刁难你,而是要经由提问了解你的更多情况。面试不是一项考试,所以没有正确答案和错误答案。在做出选择前,面试人希望更加了解你的个性和奉献力。以下列出了一些你在面试中可能被问到的问题。

- 你为什么选择这项课程?
- 你为什么想在(这个城市或城镇)学习?
- 学校接待日那天你来了吗?
- 五年后你会在哪里?
- 你有过任何工作经历吗?
- 你最棒的作品是什么?为什么?
- 你欣赏哪位时装设计师?
- 哪个时装画家给过你灵感?

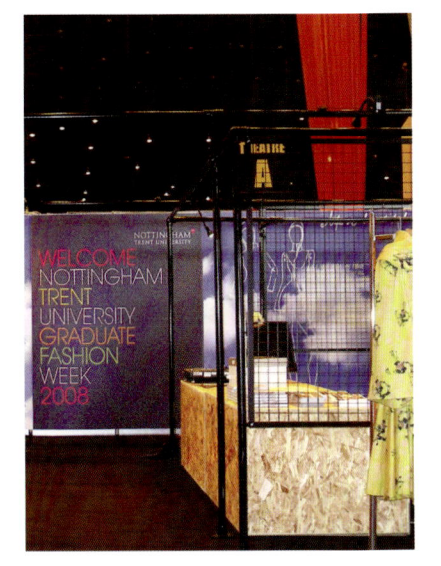

上图、下图

诺丁汉特伦特大学毕业生时装周展区照片。这一区展示的是毕业生的作品集、制作的服装和宣传明信片、名片以及该校时装课程的文字介绍。毕业生时装周是初出茅店的设计师或插画师开启其职业之门的大好时机。

- 你喜欢或者不喜欢时装业的什么？
- 你最喜欢的商业街零售商是哪家？
- 你喜欢看什么电视节目？
- 目前你在看什么书？
- 你最喜欢的一件衣服是什么？为什么？
- 你阅读什么杂志？
- 你想去哪里旅游？
- 你最近一次看的展览是什么？
- 你最喜欢自己性格中的哪一点？
- 你有缺点吗？
- 到现在为止你最大的成就是什么？

另一个时装类面试的注意点是穿着。如果你担心面试人的审视眼光，那么如何去选择一套正确的服装的确让人焦虑难安。公平地说，面试人主要关心的是你的作品，而不是你的穿着，不过在这上面花点心思也能给人留下印象。选择那些让自己感觉舒服的穿着——你的服装应该表现你的个性，不要只为给人留下好印象而弄得不像自己。穿一件你自己制作的服装，或戴一件自己制作的配饰来表现创造力，这是不错的想法。

最重要的一点是，在参加面试时，保持清醒冷静、自信沉稳。你的目的是，让面试人认为如果他们拒绝了你，将会是个错误。相信自己，这样别人也会相信你。

大千世界

许多学生开始自己学业时有明确的职业方向，而有一些学生，则把学习更多地视为一种个人挑战——他们享受一个学科，比如时装，也愿意尽可能提升自己。经过多年的学习（可能也花费颇多）后，你将不再是一名学生，而是一个即将进入大千世界的毕业生。在这个时候，你可能会问自己："接下来我要做什么？"

许多人与你一样，即将离开安逸的学校环境。许多学校每年举办专业的毕业展来展示毕业生作品，时装界人士和媒体也都会参加。这是一个很好的机会，毕业生可以与多方交流，建立联系，获得未来可能的工作机会。这也是一个作品接受反馈以及观察他人作品的机会。时尚星探会参加这些活动，搜罗有才华的新人，因此必须在你的作品上清楚标明自己的名字和联系方式。可以印制特别的明信片或名片给可能的雇主，它能够给人一个长久的印象。

学习学位课程并不是进入时装画行业的唯一途径。很多插画家是

第七章 未来发展：引导

毕业生时装周的展区提供座位和休息区，方便潜在的雇主和招聘机构观看毕业生的作品集。

自学成才的，或者通过上夜校累积了艺术技能并制作适合的作品集。如果想通过这种方式获取成功，你必须对未来有坚定的信念并充满激情。由于没有教育机构的支持，你需要积极主动地与外界联络，宣传自己。这个过程可能比较艰辛，但如果你全心全意去做，成功并非不可能。

创意领域的很多工作并不是公开招选的，而是通过私下联系、沟通或拿上自己的简历直接联络雇主获得的。在找工作时，你必须进行自荐，与大学入学面试一样，使雇主认为如果不雇你，他们就是在犯错。针对合适的职位，收集周全详细的资料，参加人才交易会，查询网站和国内、地区及本地报纸、行业专业期刊或刊物、职业介绍所信息。另外，最重要的还是专业时装招聘代理机构。本书后附列了一些有用的地址，它们将提供求职信息。

自主创业或是做自由职业画家，则是另外一条途径。许多时装画家都以自由职业者的身份进行创作，为单件工作受雇于一家客户，在该工作完成后转换到别的客户。对于一名插画家而言，需要制作多样化的作品集以适用各种客户的需求。以自由职业方式工作，你必须积极主动，可能需要一名代理人来帮助推广自己的技能。

研究生学习是继续学习的机会。许多毕业生重返院校继续学习自己热爱的学科，或是获得更高的培训和资历以增加工作机会。这个过程代价昂贵，因此在提出申请前应先找好可能的资助，例如奖学金等。研究生课程可以随时修研。有些雇主允许你在职学习，并资助你学习，因为如果你获得新的资历和技能，对其也有好处。

在某一机构驻留时，对方可能会要求你根据其提出的特定主题完成一件作品，在此期间你就可以获得相应的收入和工作空间。这类机构可以是学校、医院、画廊、社区以及产业或商贸环境布置方面的客户。选择合意的驻留地点，是吸收经验，提高自身水平的良好途径。

在毕业后至参加工作前，抽空去旅行，将是一段很棒的学习经历，它能带给你灵感与自信。带上照相机，拿上写生簿和日记本，记录不同的文化与生活方式。当你回到人才市场时，你将和新一批毕业生竞争，这时你能够运用旅游见闻来诠释这段经历与你作品间的相关性。

自荐

你的个人简历（CV）是一份表现个人资历、技能和品质等的独立宣传工具，它显示你适合某份工作。简历必须诚实可靠、引人入胜，而且是最新的，需要尽可能给人留下最好的印象，让自己被注意到。不断考虑这些问题：简历应该有几页？应该采用什么大小？是不是要列出我的兴趣爱好？这最终都由你自己决定。把你的个人简历制成一份个人的人生记录，突出自己的优势。首先分析，为了获得一份工作，自己应该拥有什么样的能力和兴趣。你所受的高等教育不仅包括课堂学习，还包括人生经历。所得学位、社会生活、工作经历、兴趣爱好和承担过的职责等，都提供了雇主所要求的资质。下面是一份个人简历内容清单。

- 姓名
- 联系方式
- 个人简述/陈述
- 教育经历
- 学历情况
- 受聘/工作经历
- 承担过的职责
- 技能/本领/专业领域
- 成就或竞赛/得奖情况
- 兴趣爱好
- 推荐人

作为艺术工作者，你还需要在个人简历中考虑视觉成分。可加入你的作品图片，能够让雇主记住你。还可进一步考虑其他宣传自己的方式，可以制作一套宣传材料，其中包括个人简历、包含联系方式的名片或者是你作品的照片。一些人采用PDF格式从网上寄出自己的电子简历。不过更重要的是，寄出后一定要电话联系这位可能的雇主。你能够通过很多有效的方式推销自己，让自己脱颖而出。

当准备进入就业市场时，你需要花些时间，搞清楚你想做什么。下面与行业人士的面谈将帮助你决定自己想走的路。来自艺术工所代理机构的斯蒂芬妮·佩斯柯芙（Stephanie Pesakoff）阐述了插画代理这个角色。大卫·当顿讲述了他作为一名时装画家的美妙人生。来自Promostyl公司的莉西安·德·罗耶尔（Lysiane de Royère）讨论了如何表现未来的时尚趋势，杰弗里·福尔维玛利（Jeffrey Fulvimari）是一名商业插画师，他讲述了如何在该领域建设属于自己的王国。

插画代理人
艺术工所
www.art-dept.com

时装画家通常以自由职业形式工作，因具体工作而被临时雇用。做自由职业者，意味着要学会同时应对多份委托工作、给客户开收据，还要安排琐事。很多自由画家寻求可靠的代理商代表自己宣传。代理人提供的服务根据插画家的不同而不同，但总体说来，他们负责接待所有问询和作品集索取以及帮助谈价、安排日程计划并负责结账。另外，好的代理会维护作品集及代理人网站，包括放上插画家作品样图，还可能会精心策划代理机构的宣传方式。

斯蒂芬妮·佩斯柯芙是纽约艺术工所的一名插画代理人。艺术工所同时还为摄影师、时装造型师、发型师和化妆师以及舞台和道具设计师做代理。斯蒂芬妮认为："一名插画家在采用代理之前，应该先拥有一定的职业经验，这样才能对代理的工作有所了解，对代理的期望和评价也更实在。"

想要上艺术工所的宣传册并不是件容易的事。他们平均每周会收到五位插画家的咨询，但每年估计只选一名新的插画家。不过，斯蒂芬妮也说，她"能看到新的作品总是很开心"，并建议"发电子邮件，带上jpeg格式的附件，是联系代理商的最好方式"。如何寻找正确的代理人，斯蒂芬妮建议："这都取决于个人。首要的是插画家自己要下工夫了解不同的代理机构。插画家要喜欢该代理机构代理的作品以及它的品牌定位。我认为，他还应该与代理机构负责人或代理人面谈，对他们本人是否合心意有个概念。代理是你需要每天联络的人，所以我认为彼此之间应该处得来。可以稍加了解和咨询代理商的信誉，可以询问业内人士，甚至你也可以问代理是否能让你与一些已经在代理名单上的艺术家直接对话。"

当问及如何挑选可由艺术工所代理的插画家时，她说："首先他们必须是和善、喜爱交流的专业人士；然后我得喜欢他们的作品。最后，他们的风格要与我们代理公司的形象和客户源相统一，这点很重要。"

那么，时装插画在商业领域足够举足轻重吗？斯蒂芬妮肯定地说："还不够！回看过去，时装画有丰富多样的传统，而讽刺的是，现在插画却成为一种'风险选择'。翻翻20世纪40年代任何一期*Vogue*，你会发现都是插画。我认为我工作的很大一部分应该是普及工作。"

第七章 未来发展：引导

时装画家
大卫·当顿
www.daviddownton.com

虽然大卫·当顿谦虚地评价自己在时装界的地位是"外围人"，我们绝对可以反驳说他正在其中。他出生在伦敦，在坎特伯雷学院和伍尔弗汉普顿艺术学院接受平面艺术和插画学习。毕业后，大卫的第一份委托工作是为《哪台电脑》（Which Computer?）杂志制作封面插画。这份工作时间不长，因为他独特的人物描绘风格很快为人所熟悉，引领他进入一个全新的环境。"我开始时并没有打算成为一名时装插画家，所以我走了一条迂回的路。"大卫说道，"1996年我得到一份改变我一切的工作，一家杂志让我去巴黎报导时装秀。在这之前我也创作过一些时装插画，但当时我做着一名插画家通常所做的所有工作，从教育图书装帧到包装设计。"在奢华、卓越的巴黎高级女装秀后台和剧院前区，大卫渐渐为人所知。他对这些服装系列的报导登上《泰晤士报》、《每日邮报》、《独立报》和澳大利亚版Harper's Bazaar。

大卫花了一段时间待在巴黎，世界上最好的模特穿上迪奥、香奈儿、瓦伦蒂诺的服装，任其面对作画。在与琳达·伊万格丽斯塔（Linda Evangelista）在巴黎乔治五世酒店待了七个小时、为Visionnaire杂志制作插画后，他曾说过："我现在能够退休了——我无法超越这个了。"

不过，退休对于世界上最迷人且忙碌的时装画家的其中这位而言，实在还很遥远。当被要求说出他最近接的作品时，列表还真不短。他为维多利亚与阿尔伯特博物馆（V&A）的《服装的黄金时代》展览制作海报；与蒂塔·万提斯（Dita Von Teese）合作过；画过M&S公司著名的"崔姬"头像环保袋；与菲利普·崔西（Philip Treacy）合作，制作其在高威市的酒店的图片；他还创作过一系列贺卡；举办个人展（Couture Voyeur，以图画形式表现他受人尊崇且圆满的十年职业之路）；正在撰写一本书；获得旧金山荣誉博士称号。而且在这一年早些时候，他刚刚成为伦敦服装学院的客座教授。

和雷内·如格奴、雷内·博奥思及安东尼奥·洛佩兹这些前人一样，大卫也把绘画美丽的女性作为第二本能，他捕捉了世界上最美的几个女性的相似之处。他画过杰瑞·霍尔（Jerry Hall）、卡门、伊莉莎白·赫莉、伊曼、帕洛玛·毕加索、朱莉·理查德森（Joely Richardson）和安娜·皮亚吉（Anna Piaggi）等女性的肖像画。他与模特艾琳·欧康娜（Erin O'Connor）是好朋友，两人的多次合作也令他更为人熟知。在为插画家协会所写的一篇文章中，大卫这样描述艾琳："我没法判断她是否如同一幅画，或者她是否是一幅画该有的样子。"大卫也提出

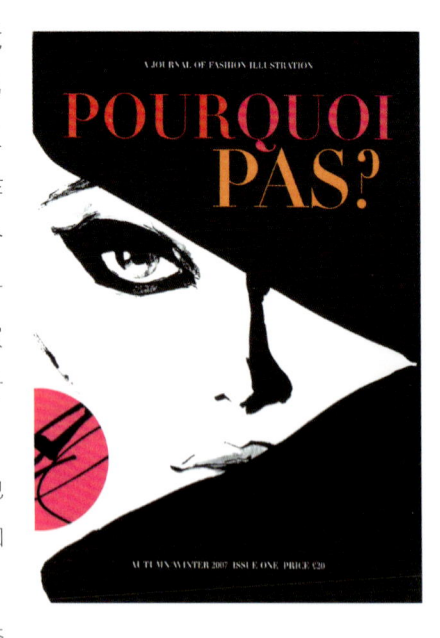

上图

当顿为时装画杂志《为什么不？》（Pourquoi Pas?）所作的赞誉满堂的封面。这份杂志是为赞颂数字时代的绘画而制作的。

下页上图

《为什么不？》杂志特载了一篇题为《不论蒂塔需要什么……》的文章，插以一张由蒂塔凡·提斯（Dita Von Teese）专为其担任模特的插画。

下页左下图

2003年，大卫·当顿画了卡门，该画放于伦敦萨维尔街赫迪雅曼服装店。这幅水彩画还登上了《电报》杂志的封面。卡门担任模特已经超过60年。当顿说："她清楚如何在页面上剪辑自己的形象。画她的过程非常美好，因为她懂得看你看的是什么，清楚如何制作图片。"

下页右下图

当顿首个个人展的另一幅插画，用几种单调的色彩描绘了蒂埃里·穆勒的一套裙装。图画非常形象，很快便被售出。现在这幅画仍被津津乐道，艺团（Art Group）和宜家公司都将它印到卡片上。

第七章 未来发展：引导

建议："根据模特作画很重要，不管这个模特是否出名。从很多方面而言，模特就构成这幅画。"在问到他如何完成那些完美的时装插画时，大卫简单地回答道："我认为插画不可能是完美的，但希望常在。我认为作品里凝结着大量的工作、大量的绘画练习。我的信条就是'不断创作，直到它看来像是不费吹灰之力的'。"实际上，大卫·当顿的创作过程绝非毫不费力。在为插画家协会写的文章里，他描述自己与艾琳·欧康娜等模特单独相处、捕捉刻画情景的情况："我们先找出在纸面上会好看且能展示服装特色和重点的姿势，然后我会拍五六张照片。接下来在摆姿势时，我会使用钢笔或水粉颜料在便宜的厚图纸或草图纸上，对每个姿势画10~20张草图。"准备阶段完成后，大卫重新开始，这次是在水彩画纸上作画："细化图像，并保持原图的自然感。"

从大卫看来，练习是无比重要的："要想得到出色的时装画，我常常需要先画20张草图。作为一名插画家，你需要时时学习并努力提高自己。"他采用的美术工具和方法多种多样："它取决于当时的条件、工作性质或是我的心情。我会运用水彩、水粉、Dr Martin的墨水、裁剪纸、铅笔以及各类Rotring炭黑墨水——我十分渴望提高自己的水平，希望尝试油画。我也将去学习丝网印课程。"

谈及时装画的各种风格与手法时，大卫说："没有什么条条框

左上图
一张描绘艾琳·欧康娜的插画，她所处背景为加利亚诺所做的克里斯汀·迪奥夏季高级女装秀。

右上图
这一幅图用作Topshop品牌的广告。大卫·当顿花了几天的时间来画莉莉·科尔（Lily Cole）和艾琳·欧康娜。他是这样形容的："无可挑剔——如果你有这样的模特供你作画，实在太省心了。她们很好地演绎了服装，时装画的创作因而简单多了。"

下页图
这件黑色长裙是YSL服装系列的一件，大卫画了这张插画，在其2006年的展览上展出。这张图用墨水、水粉颜料和蜡笔制作。这张插画幸运的拥有者是科林·麦克道威尔（Colin McDowell），世界最知名的时尚评论家之一。

框。"尽管他不采用电脑制作,但他也说:"如果加以技巧和想象力的话,它是一种很棒的方式。杰森·布鲁克斯便向我们展示了电脑制作的所有可能。"很多插画家胸怀大志,急欲展现自己的与众不同,但是大卫建议:"不必操之过急。很少有人的风格是与生俱来的。它是随着你工作的积累演变而生——其实大多数插画家能同时驾驭几种风格。我认为,不管你最后是不是以数码制作完成,最重要的还是绘画本身。因此,我希望大家持之以恒地绘画。"

在展望未来发展时,大卫更借鉴传统。他欣赏雷内·如格奴,因其画中无与伦比的丰满形象及动人魅力;欣赏艾里克,因其制图能力与连贯性;欣赏雷内·博奥思,因其与自己相似。目前,大卫将马兹·古斯塔夫森视为插画家中的插画家。谈到个人时装画生涯,大卫秉持这样的信念:"绝不成为完全的时尚中人。这点很重要。我从未成为某时期纯粹的时装插画家,我既不曾双脚踏入,也不曾踏离这个圈子。"正是这个信条,造就了他跨度超过20年的成功职业生涯。大卫认同他的大多数成就,并说道:"我很幸运能与一些非凡之辈共事,包括设计师、模特,那些在我们这个年代标志性的脸孔。但是我认为自己最大的成就应该是在伦敦、巴黎及纽约举办了个人作品展。"

接着我们简短地打断他,提出时装画不再时兴这个问题,大卫则激昂地指出,这个行业正在复兴。他承认:"插画家的确非常多,不过庆幸的是,现在也有非常多的工作机会。你可以从事报纸杂志及刊物社论,可以为卡片公司服务;可以制作广告——与设计师或时装商店合作;可以不做时装画,而从事时装艺术;也可以为画廊工作及制作限量版印刷品。"

2008年,大卫发行了第一份国际性时装插画杂志《为什么不?》,他的目的是什么呢?是为了庆祝绘画仍然存在于这个数字化的、随手可弃的全自动时代。它刊载了介绍博奥思、伯绍德、维拉蒙特等许多大师们的文章。"我想要赞颂绘画,在这个几乎完全被照片所垄断的行业里,它仍然生存着。我成为一名时装插画家并不是因为时装本身的召唤,而是因为受这些伟大的艺术家的作品熏陶。我开办这份杂志便是为了向他们致敬。"这位传奇性的插画家解释道。1500份珍贵的限量版《为什么不?》在一些高档商店有售,例如布伦斯(Browns)百货、哈洛德百货,还有维多利亚与阿尔伯特博物馆等处。(可于www.pqpmagazine.com查询更多售点)

最后,对于大卫·当顿而言,当时装插画家这份工作中最美好的事情是什么?"不用刮胡须,独立,每天画画。不过最重要的是,通过这扇开向服装之域的窗,体会它的所有炙热之火,而回到家便回到实际的家庭生活。正如我前面讲的,我是外围人。"

流行趋势预测
Promostyl公司
www.promostyl.com

时装业是个常变常新的行业，流行趋势预测公司向零售业提供预测服务。Promostyl公司成立于1967年，是一家独立的专门研究风尚、设计和趋势的公司，目前已在世界范围内拥有庞大的客户群体，例如阿迪达斯、香奈儿、可口可乐、欧莱雅、法国Orange公司、施华洛世奇、威迪文、Zara等品牌或机构。Promostyl公司长期聘请时装画家，帮助销售其流行趋势分析。

20世纪70年代初，Promostyl公司正式发行了*Trend Book*，它现已成为时装与纺织专业人士不可或缺的工具。今天，*Trend Book*已成为一份由电脑制作图像的全彩刊物，拥有大量彩色时装画。这些画清楚展示了服饰、配色、衣服形态、印花、标牌、产品标志的发展方向。每个时尚流行趋势分为多个主题讲述，分别用大量图片体现（见下页）。页面中放上各主题的时装画，并辅以即将流行的面料和色彩作为示例。

Promostyl每季制作15版不同内容的*Trend Book*插画集，包括：色彩、面料、影响流行的因素、家居服、婴儿服装、运动与街头装、女式内衣、女装、终端（供年轻女性）、男装、童装、青少年服装、鞋类、针织服装、泳装。Promostyl提前18个月发布一季趋势预测，供纺纱厂、织造厂、服装制造商、时装设计师、饰品品牌、化妆品公司、运动品公司、工业设计师、营销人员以及其他所有产品需要跟上流行趋势及变革的厂商使用。

Promostyl的传播主管莉西安·德·罗耶尔（Lysiane de Royère）说："求知欲和直观感知力是这一行人员极需的品质，他们需要尽早知道这个星球上的所有新生事物。Promostyl公司与各代理机构保持沟通，通过旅行、世界各地的媒体和网络不断搜寻积累信息。"

为了保证这些画集的原创性，Promostyl聘请了10余名时装插画家。"他们是以自由职业者的方式受聘的，其中一些插画家每年帮我们工作三四个月。"莉西安叙述道，"我们根据其草图的吸引人程度或现代性，还有画中细节的易了解程度选择插画家。"她这样解释："Promostyl的时装画不仅要好看，还得易懂，并能用于服装制作。"公司给插画家尽可能多的信息来完成其作品：简单粗略的草稿、色彩和流行趋势名称。"他们可以利用各种材料，包括钢笔、铅笔、签字笔和电脑。我们常常会要求他们把草图扫描并用Photoshop软件加上面料和色彩的内容。"莉西安说道。

上图

从Promostyl公司出版的*Trend Book*中选出的几张时装插画。时装插画风格随每季的主题内容的变化而不同。

下页图

Promostyl公司出版的*Trend Book*中的女装和男装解读，展示了时装、面料及配饰的未来趋势。此刊物中还有对未来几季色彩流行趋势的概括。

当问及Promostyl对应聘的时装画家所要求的资质时，莉西安回答道："他们必须对自己有很好的了解，有时尚思维，并对自己的工作充满热情！"莉西安也解释说："我们的插画家来自欧洲各国。因此，能讲几国语言、与世界各国的人顺利合作也很重要。"Promostyle在巴黎、纽约、东京开设办公室，与欧洲、巴西、亚洲国家和澳大利亚皆建立合作，它的影响力的确覆盖全球。

商业时装画家

杰弗里·福尔维玛利（Jeffrey Fulvimari）
www.jeffreyfulvimari.com

"我越过画廊这一环节，直接面向商场。"杰弗里·福尔维玛利这样说，他是这个长着鹿眼的时髦姑娘形象的创造人，全世界无数产品运用这个形象并加以点缀。杰弗里的许多时装画都大获成功，并出现在从丝荻拉（Stila）化妆品、路易·威登围巾到荣获格莱美奖的《艾拉·费茨杰拉德歌曲全辑》（The Complete Ella Fitzgerald Songbooks）唱片封套上。

从小开始，杰弗里对艺术就有非常的热情。他说："我的老师鼓励我表达自己的想法，他们总是把我的作品举高给其他的同学做榜样。我还很小的时候，就获得过一个很大的艺术奖项，所以我想你可以说我从一年级开始就有追随者！"杰弗里在纽约柯柏联盟学院和美国克利夫兰艺术学院继续学习。他一开始学的是美术，创作概念艺术作品。不过，为了创造收益，他决定把画插画作为职业。"时装插画吸引我的原因是，它并非殿堂艺术。我想做尽可能远离我所受的教育的事情。我对自己的时装画职业非常自豪。在艺术的世界里，每个人都应不同于他人，我们不用挤在同一块舞台上。"

福尔维玛利热情接纳商界，也因商业行为而得名。他在英国和美国发行了自画插画的服装、包袋、钱包等系列。他的时装品牌1998年在日本建立并从此稳定成长，他创作的"发夹"女孩制作成青少年漫画、睡衣和贺卡，在世界各地的大型百货商店售卖。

"我的工作既是工作又是我的爱好，我喜欢通过手头的工作来表现观点。"杰弗里说，"我看到一本杂志的同一篇文章从两种相反的角度出发评价我的商品时，那是我最快乐的时候。我不想被时装界贴上带有成见的标签。我希望观赏我作品的人来自各行各业。所以，既能成为高端系列，同时又服务于平价时装系列才是我的理念。"

早在杰弗里成为一名成功的时装插画家之前，他就得到一句箴言，引导了他此后的人生："目标远大，你才能直通顶端。"他的

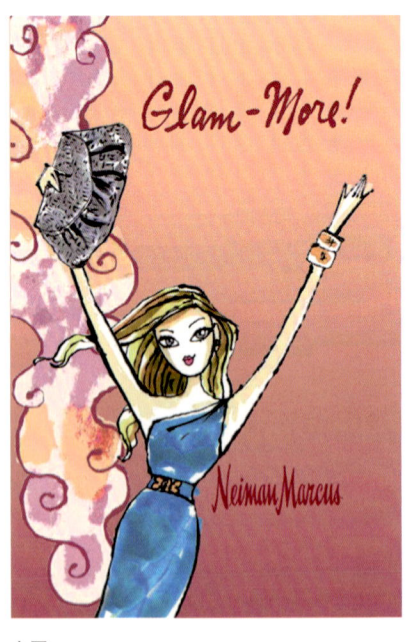

上图

美国内曼·马库斯百货商店的广告。该店择选了优秀的时装设计师和最美的品牌，杰弗里·福尔维玛利所画的模特成为其最佳的广告诠释。

下图

杰弗里·福尔维玛利创作了一系列插画产品。他标志性的鹿眼女孩成为手袋、钱包、钟表和陶器的重要部分。

第一份工作是为一个名为"了不起"的每周举行的夜场活动邀请函制作插画。它是一张折叠卡片，每面插画诠释着不同的情节。这张有意思的邀请函引起了热烈的讨论，时尚界人士，比如安娜·苏等都开始收集这类卡片。不久之后，他即为美国版 *Vogue* 和巴尼斯百货公司工作，并且无需代理的帮助。他不惧表现自己卓尔不群的才华，敢于坚定地向成功迈近。

他建议："在大城市开始自己的职业。勇争前位，不必怯懦。我很自信，相信自己，坚信一切都有可能。我从来没有停止工作。"

杰弗里形容时装插画"是在一张空白的纸上填满念头的暗喻。它是一些人开始进入一份职业的起点。"他也告诫大家："我选择插画这一行，是因为15年前它几乎是一个濒临绝迹的媒介，插画家想要成功、赚点小钱相对容易。可是现在有太多的插画家，因此你必须有自己的独到之处。"在谈到他的灵感时，他回答道："我不怎么关注别的插画家，因为我不想被他们的风格所影响。我也控制自己观看艺术作品的数量，因为我希望形成自己的新的艺术形式。"

杰弗里很欣赏查尔斯·舒尔茨（Charles M. Schulz）作品的简单线条，他是史努比和查理·布朗这些形象的创作者。杰弗里解释道："舒尔茨的作品完美无缺，在史努比的世界里，挑不出一处赘余。"其他的影响来自麦克斯菲尔德·派黎思（Maxfield Parrish）的作品，派黎思是美国最著名的插画家之一。1922年他作的第一件为被复制为印刷品的创作，成为他最具特色的作品。这幅《黎明》恬适优美，描绘了在一个带圆柱的门廊前，阳光笼罩，一名身穿宽袍的传统女性人物躺卧地上，身旁站着一名裸体的孩童，远方是层叠的风景，近有可观花的树木，远有绚丽的山峦。这幅画被推出后，几乎立即就受到推崇，很多美国家庭的墙壁都装饰了这

杰弗里·福尔维玛利创作的时装画，皆描绘了特色鲜明的女孩形象以及他标志性的童趣文字说明。

幅画。"我十分喜爱他的作品，所以我也以首字母简写方式为自己的插画签名，麦克斯菲尔德·派黎思也一度这样做。派黎思的作品曾经感动过太多人。"

杰弗里于2003年开始崭露头角，当时麦当娜请他为自己的儿童图书《英国玫瑰》制作插画。麦当娜的团队搜索灰姑娘式插画风格的画家，认为其能够为麦当娜的《英国玫瑰》带来活力。在这份绝密的任务中，他们给全球各地的人发去请求，看看"插画家游标"在哪能遇到适合的人。他们一开始接触杰弗里时，杰弗里还记得自己并没有把握："我一直抗拒为儿童书作插画，因为我想着有一天我能制作属于自己的儿童书。但是，我又怎么抗拒得了？这可是麦当娜的邀请！我完全享受与麦当娜的合作。我参与了制作这本书的各个环节，这个项目的艺术总监工作得很出色。对我来说，最好的事情是我的祖母也叫玫瑰，我希望我参与这本书的制作能令她感到非常快乐。"

2006年，杰弗里为比利时时装设计师韦尔莱纳（Verlaine）在纽约秋冬时装周的展示创作作品。韦尔莱纳又将其插画应用为之后一季丝质连衣裙的印花。他们在时装界刮起了一股旋风，人人都在谈论福尔维玛利这个名字。不过，自从杰弗里在东京帕高画廊首次展出亮相以来，他在日本很早便出了名。2008年，为庆祝他在日本的10年职业生涯，他在东京潮流之地代官山开办了一家商店。该商店供应所有杰弗里的产品，让他的追随者们可以第一时间在店中见到他的所有产品！

当问到他这份工作中最重要的是什么，他回答道："我获得所有版权，因为我是独立创作——这个角色让人满意。"他也指出："我很幸运，我所需要做的自我宣传或推广活动很少。我不制作作品集，因为我通过代理接下新的生意。在这个位置上，我非常努力工作，因为这并不是轻松的差事。"杰弗里·福尔维玛利被问到有没有身为时装画家所讨厌的事情呢？"嗯，有。"他回答，"这种孤独感很难挨。有时我会为一单委托连续工作，几天不见人。那种事情超过自己控制的无力感也很难受。我会试着转化任何消极因素。积累退案和挫折经验，因为每10个退案会伴有一份新活儿。在这盘棋局里，积极的态度才是制胜法宝！"

杰弗里完成如此多的商业时装画作品，不免让人以为他的人生自然无比光耀，可是当问到他在行业中的地位时，他辩称："我很少参加时装展示会。我真地完全是个外人——像墙上的苍蝇一样，是个默默无闻的旁观者。我只是喜欢观察人，再把人物特征运用到我的插画中。实际上，我常常发觉，我笔下的人物如此贴近生活。我居住在伍德斯托克一间梦幻般的小屋中，我只能用哈比人遇到海蒂的祖父那样的场景来形容它！我的庭院里甚至有小熊居住，它与我友好相处！"

《英国玫瑰》一书，由麦当娜撰写，杰弗里·福尔维玛利制作插画。

杰弗里在东京潮流之地代官山所开的商店。他的追随者第一次能够在店里找到他的所有产品及艺术作品。

附录

本书旨在作为提供实用建议和创意灵感的有用的参考书，而不是一本教条式诵记的圣经所作。从中，读者的创造力得以发展。正如可可·香奈儿曾说过的一句著名的话："要想在人生中不被人取代，你必须另辟蹊径。"这不仅对你的写生簿和作品集创作是金玉良言，对人生旅途亦是如此！以下几页将提供对你的工作、学习有益的信息，包括一些延伸阅读的推荐书目、院校地址、网站和其他一些有用的联系方式以及重点词汇表。

补充书目

1. 灵感启发

Paul Arden, *It's Not How Good You Are, It's How Good You Want To Be*, Phaidon, 2003

Richard Brereton, *Sketchbooks: The Hidden Art of Designers, Illustrators and Creatives*, Laurence King Publishing, 2009

Gerald Celente, *Trend Tracking*, Warner Books, 1991

Leonardo Da Vinci *The Notebooks of Leonardo Da Vinci: Selections*, Oxford World's Classics, 1998

Gwen Diehn, *The Decorated Page: Journals, Scrapbooks & Albums Made Simply Beautiful*, Lark Books, 2002

Alan Fletcher, *The Art of Looking Sideways*, Phaidon Press, 2001

Carolyn Genders, *Sources of Inspiration*, A&C Black, 2002

Bill Glazer, *The Snap Fashion Sketchbook: Sketching, Design, and Trend Analysis the Fast Way*, Prentice Hall, 2007

Kay Greenlees, *Creating Sketchbooks for Embroiderers and Textile Artists: Exploring the Embroiderer's Sketchbook*, Batsford, 2005

Danny Gregory, *An Illustrated Life: Drawing Inspiration from the Private Sketchbooks of Artists, Illustrators and Designers*, How Books, 2008

Holly Harrison, *Altered Books, Collaborative Journals and Other Adventures in Bookmaking*, Rockport Publishers Inc., 2003

Dorte Nielsen and Kiki Hartmann, *Inspired: How Creative People Think, Work and Find Inspiration*, Book Industry Services, 2005

Timothy O'Donnell, *Sketchbook: Conceptual Drawings From The World's Most Influential Designers and Creatives*, Rockport, 2009

Lynne Perrella, *Journal and Sketchbooks: Exploring and Creating Personal Pages*, Rockport Publishers Inc., 2004

Simon Seivewright, *Basics Fashion: Research and Design*, AVA Publishing, 2007

Jan Bode Smiley, *Altered Board Book Basics and Beyond: For Creative Scrapbooks, Altered Books and Artful Journals*, C & T Publishing, Inc., 2005

Paul Smith, *You Can Find Inspiration in Everything*, Violette Editions, 2001

Petrula Vrontikis, *Inspiration Ideas: Creativity Sourcebook*, Rockport, 2002

2. 人物塑造

100 Ways to Paint People and Figures (How Did You Paint That?), North Light Books, 2004

Bina Abling, *The Advanced Fashion Sketchbook*, Fairchild Group, 1991

Anne Allen and Julian Seaman, *Fashion Drawing: The Basic Principles*, Batsford, 1996

Sandra Burke, *Fashion Artist: Drawing Techniques to Portfolio Presentation*, Burke Publishing, 2003

Giovanni Civardi, *Drawing the Clothed Figure: Portraits of People in Everyday Life*, Search Press, 2005

Diana Constance, *An Introduction to Drawing the Nude: Anatomy, Proportion, Balance, Movement, Light, Composition*, David & Charles, 2002

Elisabetta Drudi and Tiziana Paci, *Figure Drawing For Fashion Design*, The Pepin Press, 2001

Gustavo Fernandez, *Illustration for Fashion Design: Twelve Steps to the Fashion Figure*, Prentice Hall, 2005

Robert Beverly Hale, *Master Class in Figure Drawing*, Watson-Guptill Publications Inc., 1991

Patrick John Ireland, *Figure Templates for Fashion Illustration*, Batsford, 2002

Patrick John Ireland, *New Fashion Figure Templates*, Batsford, 2007

Maite Lafuente, Aitana Lleonart, Mireia Casanovas Soley, and Emma Termes

Parer, *Fashion Illustration: Figure Drawing*, Parragon, 2007

Andrew Loomis, *Figure Drawing For All It's Worth*, The Viking Press, 1943

Kathryn McKelvey and Janine Munslow, *Illustrating Fashion*, Blackwell Science (UK), 1997

Jennifer New, *Drawing from Life: The Journal as Art*, Princeton Architectural Press, 2005

Sharon Pinsker, *Figure: How to Draw & Paint the Figure with Impact*, David & Charles, 2008

John Raynes, *Figure Drawing and Anatomy for the Artist*, Octopus Books, 1979

John Raynes and Jody Raynes, *How to Draw The Human Figure: A Complete Guide*, Parragon Books, 2001

Nancy Riegelman, *9 Heads*, Prentice Hall, 2002

Julian Seaman, *Professional Fashion Illustration*, Batsford, 1995

Mark Simon, *Facial Expressions: A Visual Reference for Artists*, Watson-Guptill Publications Inc., 2005

Ray Smith, *Drawing Figures*, Dorling Kindersley, 1994

Ron Tiner, *Figure Drawing Without a Model*, David & Charles, 2008

Bridget Woods, *Life Drawing*, The Crowood Press, 2003

3. 绘画技巧

Bina Abling, *Fashion Rendering with Color*, Prentice Hall, 2001

Jennifer Atkinson, Holly Harrison and Paula Grasdal, *Collage Sourcebook: Exploring the Art and Techniques of Collage*, Apple Press, 2004

EL Brannon, *Fashion Forecasting*, Fairchild, 2002

Steve Caplin, *How to Cheat in Photoshop: The Art of Creating Photorealistic Montages – Updated for CS2*, Focal Press, 2005

Tom Cassidy and Tracey Diange, *Colour Forecasting*, Blackwell Publishing 2005

M. Kathleen Colussy, *Rendering Fashion, Fabric and Prints with Adobe Photoshop* (CD-ROM), Prentice Hall, 2004

David Dabner, *Graphic Design School: The Principles and Practices of Graphic Design*, Thames & Hudson, 2004

Brian Gorst, *The Complete Oil Painter*, Batsford, 2003

Hazel Harrison, *The Encyclopedia of Drawing Techniques*, Search Press Ltd, 2004

Hazel Harrison, *The Encyclopedia of Watercolour Techniques: A Step-by-step Visual Directory, with an Inspirational Gallery of Finished Works*, Search Press Ltd, 2004

John Hopkins, *Basics Fashion Design: Fashion Drawing: 5*, AVA Publishing, 2000

David Hornung, *Colour: A Workshop for Artists and Designers*, Laurence King Publishing, 2004

Wendy Jelbert, *Collins Pen and Wash* (Collins Learn to Paint Series), Collins, 2004

Maite Lafuente, *Fashion Illustration Techniques*, Taschen, 2008

Bonny Lhotka, et al, *Digital Art Studio: Techniques for Combining Inkjet Printing with Traditional Art Materials*, Watson-Guptill Publications Inc., 2004

Vicky Perry with Barry Schwabsky (Introduction), *Abstract Painting Techniques and Strategies*, Watson-Guptill Publications Inc., 2005

Melvyn Petterson, *The Instant Printmaker*, Collins & Brown, 2003

Nancy Riegelman, *Colors for Modern Fashion: Drawing Fashion with Colored Markers*, 9 Heads Media, 2006

Sarah Simblet, *The Drawing Book*, Dorling Kindersley, 2005

Kevin Tallon, *Digital Fashion Illustration*, Batsford, 2008

Naoki Watanabe, *Contemporary Fashion Illustration Techniques*, Rockport, 2009

Lawrence Zeegen, *The Fundamentals of Illustration*, AVA Publishing, 2005

4. 名家指导

Jemi Armstrong, et al, *From Pencil to Pen Tool: Understanding and Creating the Digital Fashion Image*, Fairchild Books, 2006

Marianne Centner and Frances Vereker, *Adobe Illustrator: A Fashion Designer's Handbook*, WileyBlackwell, 2007

M. Kathleen Colussy, Steve Greenberg, *Rendering Fashion, Fabric and Prints with Adobe Illustrator*, Prentice Hall, 2006

M. Kathleen Colussy, Steve Greenberg, *Rendering Fashion, Fabric and Prints with Adobe Photoshop 7*, Prentice Hall, 2003

Val Holmes, *Encyclopedia of Machine Embroidery*, Batsford, 2003

Susan Lazear, *Adobe Illustrator for Fashion Design*, Prentice Hall, 2008

Susan Lazear, *Adobe Photoshop for Fashion Design*, Prentice Hall, 2009

Janice Saunders Maresh, *Sewing for Dummies*, Hungry Minds Inc., 2004

Carol Shinn, *Freestyle Machine Embroidery: Techniques and Inspiration for Fiber Art*, Interweave Press, 2009

Kevin Tallon, *Creative Computer Fashion Design: With Abobe Illustrator*, Batsford, 2006

Mary Thomas's Dictionary of Embroidery Stitches, new edition by Jan Eaton, Brockhampton Press, 1998

Elaine Weinmann and Peter Lourekas, *Visual QuickStart Guide: Illustrator CS For Windows and Macintosh*, Peachpit Press, 2004

Elaine Weinmann and Peter Lourekas, *Visual QuickStart Guide: Photoshop CS For Windows and Macintosh*, Peachpit Press, 2004

5. 时装设计的表现

Anvil Graphic Design Inc. (compiler), *Pattern and Palette Sourcebook: A Complete Guide to Using Color in Design*, Rockport Publishers Inc., 2005

Terry Bond and Alison Beazley, *Computer-Aided Pattern Design and Product Development*, Blackwell Science (UK), 2003

Janet Boyes, *Essential Fashion Design: Illustration Theme Boards, Body Coverings, Projects, Portfolios*, Batsford, 1997

Sandra Burke, *Fashion Computing: Design Techniques and CAD*, Burke Publishing, 2005

Elisabetta Drudi, *Wrap and Drape Fashion: History, Design and Drawing*, Pepin Press, 2007

Akiko Fukai et al, *Fashion in Colors*, Editions Assouline, 2005

Richard M. Jones, *The Apparel Industry*, Blackwell Science (UK), 2003

Maite Lafuente, *Details*, Rockport, 2007

Oei Loan and Cecile de Kegel, *The Elements of Design*, Thames & Hudson, 2002

Kathryn McKelvey and Janine Munslow, *Fashion Design: Process, Innovation and Practice*, Blackwell Science (UK), 2003

Kathryn McKelvey and Janine Munslow, *Fashion Source Book*, Blackwell Publishing, 2006

Carol A. Nunnelly, *Fashion Illustration School: A Complete Handbook for Aspiring Designers and Illustrators*, Thames & Hudson, 2009

Mireia Casanovas Soley, Daniela Santos Quartiino, Catherine Collin, and Maite Lafuente, *Fashion Illustration: Flat Drawing*, Parragon Inc, 2007

Richard Sorger and Jenny Udale, *The Fundamentals of Fashion Design*, AVA Publishing, 2006

Steven Stipelman, *Illustrating Fashion: Concept to Creation*, Fairchild, 1996

Linda Tain, *Portfolio Presentation for Fashion Designers*, Fairchild Books, 2004

Sharon Lee Tate, *The Complete Book of Fashion Illustration*, Prentice Hall, 1996

Caroline Tatham and Julian Seaman, *Fashion Design Drawing Course*, Thames & Hudson, 2004

Estel Vilaseca, *Essential Fashion Illustration: Color*, Rockport, 2008

Chidy Wayne, *Essential Fashion Illustration: Men*, Rockport, 2009

6. 传统与当代时装画赏析

François Baudot, *Gruau*, Editions Assouline, 2003

Cally Blackman, *100 Years of Fashion Illustration*, Laurence King Publishing, 2007

Laird Borrelli, *Fashion Illustration by Fashion Designers*, Thames & Hudson, 2008

Laird Borrelli, *Fashion Illustration Now*, Thames & Hudson, 2000

Laird Borrelli, *Fashion Illustration Next*, Thames & Hudson, 2004

Laird Borrelli, *Stylishly Drawn*, Harry N. Abrams, 2000

CameraWork, *Unified Message In Fashion: Photography Meets Drawing*, Steidl Publishers, 2002

Paul Caranicas and Laird Borrelli, *Antonio's People*, Thames & Hudson, 2004

Bethan Cole, *Julie Verhoeven: FatBottomedGirls 003*, Tdm Editions, 2002

Martin Dawber, *Big Book of Fashion Illustration: A World Sourcebook of Contemporary Illustration*, Batsford, 2007

Martin Dawber, *Imagemakers: Cutting Edge Fashion Illustration*, Mitchell Beazley, 2004

Martin Dawber, *New Fashion Illustration*, Batsford, 2005

Delicatessen, *Fashionize: The Art of Fashion Illustration*, Gingko Press, 2004

Delicatessen, *Mondofragile: Modern Fashion Illustrators From Japan*, Happy Books, 2002

Simon Doonan, *Andy Warhol Fashion*, Chronicle Books, 2004

Hendrick Hellige, *Romantik*, Die Gestalten Verlag, 2004

Angus Hyland, *Pen and Mouse*, Laurence King Publishing, 2001

Angus Hyland and Roanne Bell, *Hand to Eye: Contemporary Illustration*, Laurence King Publishing, 2003

Yajima Isao, *Fashion Illustration in Europe*, Graphic-sha Publishing, 1988

Robert Klanten, *Illusive: Contemporary Illustration and Its Context*, Die Gestalten Verlag, 2005

Robert Klanten, *Wonderland*, Die Gestalten Verlag, 2004

Alice Mackrell, *An Illustrated History of Fashion: 500 Years of Fashion Illustration*, Costume and Fashion Press, 1997

Francis Marshall, *Fashion Drawing*, The Studio Publications, 1942

William Packer, *The Art of Vogue Covers: 1909–1940*, Octopus Books, 1983

William Packer, *Fashion Drawing in Vogue*, Coward-McCann Inc., 1983

Pao & Paws, *Clin d'oeil: A New Look at Modern Illustration*, Book Industry Services, 2004

Pater Sato, *Fashion Illustration in New York*, Graphic-sha Publishing, 1985

M. Spoljaric, S. Johnston, R. Klanten, *Demanifest*, Die Gestalten Verlag, 2003

Victionary, *Fashion Wonderland*, Viction Design Workshop, 2008

Anna Wintour, Michael Roberts, Anna Piaggi, André Leon Talley and Manolo Blahnik, *Manolo Blahnik Drawings*, Thames & Hudson, 2003

7. 未来发展：引导

Noel Chapman and Carole Chester, *Careers in Fashion*, Kogan Page, 1999

David Ellwand, *Fairie-ality: The Fashion Collection*, Candlewick Press, 2002

Mary Gehlhar, *The Fashion Designer Survival Guide: An Insider's Look at Starting and Running Your Own Fashion Business*, Kaplan Publishing, 2005

Helen Goworek, *Careers in Fashion and Textiles*, WileyBlackwell, 2006

Debbie Hartsog, *Creative Careers in Fashion*, Allworth Press, 2007

Sue Jenkyn Jones, *Fashion Design*, second edition, Laurence King Publishing, 2005

Astrid Katcharyan, *Getting Jobs in Fashion Design*, Cassell, 1988

Anne Matthews, *Vogue Guide to a Career in Fashion*, Chatto & Windus, 1989

Margaret McAlpine, *So You Want to Work in Fashion?*, Hodder Wayland, 2005

Kathryn McKelvey and Janine Munslow, *Fashion Design: Process, Innovation and Practice*, Blackwell Science, 2008

Steve Shipside and Joyce Lain Kennedy, *CVs for Dummies: UK Edition*, John Wiley and Sons, Ltd, 2003

M. Sones, *Getting into Fashion: A Career Guide*, Ballatine, 1984

Linda Tain, *Portfolio Presentation for Fashion Designers*, Fairchild, 1998

Robert A. Williams, *Illustration: Basics for Careers*, Prentice Hall, 2003

Theo Stephen Williams, *Streetwise Guide to Freelance Design and Illustration*, North Light Books, 1998

Peter Vogt, *Career Opportunities in the Fashion Industry*, Checkmark, 2002

商业书籍及杂志

Another Magazine
Arena Homme
Bloom
Bridal Buyer
California Apparel News
Computer Arts
Daily News Record (DNR)
Dazed and Confused
Drapers: Drapers Record and Menswear
Elle
Elle Decoration
Embroidery
Fashion Line
Fashion Reporter
Girls Like Us
Graphic magazine
ID
In Style
International Textiles
Juxtapoz
Living etc
Marie Claire
Marmalade
Numero
Oyster
Pop
Purple Fashion
Retail Week
Self Service
Sneaker Freaker
Tank
10
Textile View
Tobe Report
V
View on Colour
Victor & Rolf
Visionaire
Vogue
W
Women's Wear Daily (WWD)
World of Interiors

有用的联系地址

英国

插画家协会
2nd Floor, Back Building
150 Curtain Road,
London EC2A 3AR
tel: +44 (0)20 7613 4328
www.theaoi.com

插画家协会的建立是为了推动插画的发展，提高并保护插画家的应有权利，促进职业标准的制定。协会收录的插画图片数量不断增长，目前已达近8000张，其中包含自由插画家的作品集。

英国时装协会
5 Portland Place
London W1N 3AA
tel: +44 (0)20 7636 7788
fax: +44 (0)20 7636 7515
www.londonfashionweek.co.uk

英国时装协会为英国时装设计师与生产商特别是出口企业提供协助。通过针对学生的年度性颁奖鼓励新人发展，例如"创新性裁剪设计奖"以及毕业生时装周展示奖。

手工艺协会
44a Pentonville Road
London N1 9BY
tel: +44 (0)20 7806 2500
fax: +44 (0) 20 7837 6891
www.craftscouncil.org.uk

手工艺协会除了在上述地址开办了一家出色的当代画廊以及一家工艺品书店以外，它还提供多样化的服务，例如提供咨询服务、拥有一间参考书阅读室，还提供发展基金。协会同时还发行一份宣传工艺品的杂志。

威尔士设计
PO Box 383
Cardiff CF5 2W2
tel: +44 (0)2920 41 7043
email: enquiries@designwales.org.uk
www.designwales.org.uk

威尔士设计提供针对设计方面的各种综合性的咨询与协助服务，其服务项目无偿供应威尔士境内所有企业。

贸易工业部
(Clothing, Textiles and Footwear Unit)
1 Victoria Street
London SW1H 0ET
tel: +44 (0)20 7215 5000
www.dti.gov.uk

为英国企业提供法律资助的政府机构。贸易工业部也发布出口法规信息。

刺绣人协会
Apt 41, Hampton Court Palace,
Surrey KT8 9AU
tel: +44 (0)20 8943 1229
email: administrator@embroiderersguild.com
www.embroiderersguild.com

该协会成立于1906年，由皇家刺绣学校16名毕业生发起，现已成为英国最大的手工艺协会。刺绣人协会同时还是成功的慈善教育机构和注册博物馆，积极开展展览、活动和专题小组等项目活动。

时尚成名协助机构
10a Wellesley Terrace
London N1 7NA
tel: +44 (0)20 7490 3946
email: info@fad.org.uk
www.fad.org.uk

一家旨在帮助年轻设计师取得职业成功的机构，它通过举办引荐会使学生与专业人士同场交流。

王子青年创业信托机构
18 Park Square East
London NW1 4LH
tel: +44 (0)20 7543 1234
www.princes-trust.org.uk

王子信托为准备在商业上开创成功理念的青年人及失业人群提供商业咨询、专业支持以及奖金资助。

美国

美国色彩协会
The Color Association of the US (CAUS)
315 West 39th Street, Studio 507
New York, NY 10018
tel: +1 212 947 7774
email: caus@colorassociation.com
www.colorassociation.com

时装资讯
Fashion Information
The Fashion Center Kiosk
249 West 39th St
New York, NY 10018
tel: +1 212 398 7943
email: info@fashioncenter.com
www.fashioncenter.com

全国艺术教育协会
National Art Education Association
1916 Association Drive
Reston
VA 20191-1590
tel: +1 703 860 8000
www.naea-reston.org

Fabric and resources.

全国艺术家联合会
National Network for Artist Placement
935 West Ave #37
Los Angeles, CA 90065
tel: +1 213 222 4035
www.artistplacement.com

纽约时装协会
New York Fashion Council
153 East 87th Street
New York, NY 10008
tel: +1 212 2890420

潘通色彩机构
Pantone Color Institute
590 Commerce Boulevard
Carlstadt, NJ 07072-3098
tel: +1 201 935 5500
www.pantone.com

插画家协会
The Society of Illustrators
128 East 63rd Street
New York, NY 10021-7303
tel: +1 212 838 2560
www.societyillustrators.org

插画家协会为会员制。它的所在地还是一家出色的插画博物馆和图书馆。插画家协会网站上有为学生提供的信息，同时开展年度竞赛和奖学金计划。

美国小企业管理局
United States Small Business Administration
26 Federal Plaza, Suite 3100
New York, NY 10278
tel: +1 212 264 4354

博物馆、插画和服装画廊

许多博物馆为学生提供优惠，或在固定的日期免费开放。

英国及欧洲

国际服装艺术中心
Centro Internazionale delle Arti e del Costume
Palazzo Grassi
Campo San Samuele
San Marco 3231
20124 Venice
Italy
tel: +39 41 523 1680
www.palazzograssi.it

服装艺廊
Galeria del Costume
Piazza Pitti
50125 Firenze
Italy
tel: +39 55 238 8615

坐落于皮蒂宫的一侧。

神户时装博物馆
Kobe Fashion Museum
Rokko Island
Kobe
Japan
tel: +81 (0)78 858 0050
www.fashionmuseum.or.jp

服装研究所
Kostümforschungs Institut
Kemnatenstrasse 50
8 Munich 19
Germany

服装图书馆
Lipperheidesche Kostümbibliothek
Kunstbibliothek
Staatliche Museen zu Berlin
Matthaikirchplatz 6
10785 Berlin
Germany

比利时艺术图书馆
MoMu
Antwerp Fashion ModeMuseum
Nationalestraat 28
B – 2000 Antwerpen
Belgium
tel: + 32 (0)3 470 2770
email: info@momu.be

服装及纺织艺术博物馆
Musée des Arts de la Mode et du Textile
Palais du Louvre
107 Rue de Rivoli
75001 Paris
France
tel: +33 1 44 5557 5750
www.ucad.fr

服装及服饰博物馆
Musée de la Mode et du Costume
10 Avenue Pierre 1er de Serbie
75016 Paris
France
tel: +33 1 5652 8600

面料及艺术装饰博物馆
Musée des Tissus et des Arts Décoratifs
34 Rue de la Charité
F-69002 Lyon
France
tel: +33 (4)78 3842 00
email: info@musee-des-tissus.com
www.musee-des-tissus.com

服装博物馆
Museum of Costume
Assembly Rooms
Bennett Street
Bath BA1 2QH
UK
tel: +44 (0)1225 477 173
fax: +44 (0) 1225 477 743
www.museumofcostume.co.uk

菲拉格慕博物馆
Museum Salvatore Ferragamo
Palazzo Spini Feroni
Via Tornabuoni 2
Florence 50123
Italy
tel: + 39 055 336 0456

维多利亚和阿尔伯特博物馆
Victoria and Albert Museum (V&A)
Cromwell Road
South Kensington
London SW7 2RL
UK
tel: +44 (0)20 7942 2000
www.vam.ac.uk

美国

服装艺廊
Costume Gallery
Los Angeles County Museum of Art
5905 Wilshire Boulevard
Los Angeles , CA 90036
tel: +1 323 857 6000
www.lacma.org

服装学会
Costume Institute
Metropolitan Museum of Art
1000 Fifth Avenue at 82nd Street
New York, NY 10028-0198
tel: +1 212 535 7710
www.metmuseum.org

美国插画博物馆
The Museum of American Illustration
Society of Illustrators and Norman Price Library
128 East 63rd Street
New York, NY 10021
tel: +1 212 838 2560
www.societyillustrators.org

附录

服装技术研究所博物馆
Museum at the Fashion Institute of Technology
Seventh Avenue at 27th Street
New York, NY 10001-5992
tel: +1 212 217 5970
email: museuminfo@fitnyc.edu

美国全国插画博物馆
The National Museum of American Illustration (NMAI)
Vernon Court
492 Bellevue Avenue
Newport
Rhode Island 02840
tel: +1 401 851 8949
fax: +1 401 851 8974
email: art@americanillustration.org

插画代理商

代理002
Agent 002
Contact: Michel Lagarde
70 Rue de la Folie
Méricourt
75011 Paris
France
tel: +33 (0)1 40 21 03 48
fax: +33 (0)1 40 21 03 49
email: michel@agent002.com
www.agent002.com

艺术工所
Art Department
Contact: Stephanie Pesakoff (see p.217)
420 West 24th Street, #1F
New York, NY 10011
US
tel: +1 212 243 2103
fax: +1 212 243 2104
email: stephaniep@art-dept.com
www.art-dept.com

大行动
Big Active
Warehouse D4, Metropolitan Wharf,
Wapping Wall
London E1W 3SS
UK
tel: +44 (0)20 7702 9365
fax: +44 (0)20 7702 9366
email: contact@bigactive.com
www.bigactive.com

插画代理中心
The Central Illustration Agency
1st Floor
29 Heddon Street
London W1B 4BL
UK
tel: +44 (0)20 7734 7187
fax: +44 (0)20 7434 0974
email: info@centralillustration.com

CWC国际
CWC International, INC
Contact: Koko Nakano
296 Elizabeth St 1F
New York City, NY 10012
US
tel: +1 646 486 6586
fax: +1 646 486 7633
email agent@cwc-i.com
www.cwc-i-com

插画网
Illustration Web
Illustration Ltd
2 Brooks Court
Cringle Street
London SW8 5BX
UK
tel: +44 (0)20 7720 5202
email: team@illustrationweb.com
www.illustrationweb.com

创意往来管理者
Traffic Creative Management
136, East 74th St
New York, NY 10021
UK
tel: +1 212 734 0041
fax: +1 212 734 0118
email: info@trafficnyc.com
www.trafficnyc.com

年鉴

艺术家社会
The Society of Artists
www.illustratoragents.co.uk

黑皮书
The Black Book
www.blackbook.com

Le Book
Le Book
www.lebook.com

美国插画
American Illustration
www.ai-ap.com

网站

www.adobe.com
所有Adobe软件包的主页。

www.collezionionline.com
在线观看展示、视频和杂志。

www.computerarts.co.uk
提供电脑插画界各种创意、指导和最新资讯。

www.costumes.org
其他各类服装类网站链接。

www.daviddownton.com
时装画家大卫·当顿的网站（参阅第218~第221页）。

www.fashion-enterprise.com
伦敦时装学院时装企业中心网站。

www.fashionoffice.org
时装、丽人、生活类在线杂志。

www.ideasfactory.com
在线的"艺术与设计"地带。

www.jeffreyfulvimari.com
商业时装画家杰弗里·福尔维玛利的网站（参阅第224~第226页）。

www.marquise.de
关于各个时期服装的网站，包括从中世纪到20世纪早期的服装。

www.promostyl.com
流行趋势预测机构的网站（参阅第222~第223页）。

www.vogue.co.uk
可以链接到各国版Vogue网站。

词汇表

Adobe Illustrator：对象导向（或矢量）数字计算机程序包。

Adobe Photoshop：位图（或光栅）数字计算机程序包。

广告（Advertising）：通过报纸、收音机、电视、网络等方式向公众推介某种产品、服务或空缺，以吸引或提高对其的关注度。

前卫（Avant-garde）：超前的时尚或理念。

定制（Bespoke）：为个人量体裁制男士西装。

精品店（Boutique）：法语词，指独立经营的商店，通常规模较小，售卖特有的商品，店内环境独成一格。

头脑风暴（Brainstorming）：与同僚或同辈等进行的开放性讨论，从中获得新的创意或理念。

品牌（Brand）：用于识别一种产品，并作为产品质量、价值或某种特殊气质标志的名称或商标。

买手（Buyer）：负责制订和管理商品购买和销售计划的人。

CAD/CAM：电脑辅助设计和电脑辅助生产。

油画布（Canvas）：一种厚重、牢固且密实的梭织品，经拉紧铺开在木板上，成为作画的平面。

胶囊系列（Capsule collection）：带有某一特定用途或效果的相近风格作品构成的小型系列。

经典（Classic）：一种至今仍然流行且变化性极小的服装风格，例如男士衬衫、羊毛衫、牛仔裤等。

着衣或时装人体写生（Clothed life-drawing or fashion-life）：根据现实着装人物绘画。

CMYK色盘（CMYK palette）：用于印刷的墨色四分色的简写(Cyan 为青，Magenta 为品红，Yellow 为黄，最后一个单词（black，黑）以K为简写，是为避免与青色混淆）。

拼贴画（Collage）：一种图片制作艺术，将布、纸片、照片及其他材料粘贴到画面上。

时装系列（Collection）：具有共通特征的或为某一季特别设计的时装。"The Collections"一词是对巴黎时装展示会的口语化描述。

色彩预测（Colour forecasting）：通过对展会等数据资料进行分析，进行未来色彩流行趋势的预测。

色板/色阶（Colour palette/gamme）：有选择地挑选几种颜色，用于时装设计及时装画。

色彩设计（Colourway）：设计时控制颜色范围，使服装或服装系列的风格从中体现。也指印花纺织品的设色选择。

组合（Composition）：某件事物的组成部分，特别是一幅视觉图像中各元素的编排方式。

当代感（Contemporary）：鲜明时髦的且当前存在的特色。

协调（Coordinates）：服装的面料或细节使服装在款式或风格等方面能够搭配穿着。

成本计算（Costing）：服装的本金，由材料、装饰、用工和交通等决定。一张插画可以附上成本计算。

Couturier：时装设计师的法语词。

评论（Critique/Crit）：对作品的讨论和评价，通常在某个项目或委任工作的尾声以分组会议的形式进行。

个人简历（CV, curriculum vitae）：按年份排序的个人总结，详细介绍个人受教育状况和职业成就及贡献（美国用resume一词表示。）

学位展（Degree show）：用以评估确定学生学位等级的作品展。

设计板（Design board）：作品集中呈现最终设计的画面表现板。

设计发展（Design developments）：在某一设计主题下，添加合意的或有效的元素使作品不断完善的作画过程。

设计草图（Design roughs）：设计的第一次草稿。通常采用铅笔快速画成，不进行细节描绘。

副线（Diffusion line）：主品牌的次一级时装线，通常价格低一档，让消费者以实惠的价格购买设计师作品款式的时装。

数字成像（Digital imagery）：图像通过电脑处理变为数字图像的转换和置换过程。

数字作品集（Digital portfolio）：保存数字作品示例的方式，能够用电子邮件或光盘方式寄给可能的雇主。

立体裁剪（Draping）：通过将面料在人身或人台上处理形成某种时装风格或样式的方式。

社论（Editorial）：表达编辑或出版人观点的报纸或杂志文章。如果这篇文章是关于时装的，通常会刊载时装画。

衣服装饰（Embellishment）：为服装、包、或鞋袜等加以点缀或装饰，使其更吸引人。

绣花（Embroidery）：使用不同类型的绣线用手或机器制作的装饰性缝纫工作。

公开展示（Exhibition）：通常为在某段时期展出关于艺术作品、插画或其他特定的作品系列。

面料艺术表现（Fabric rendering）：运用多种工具以艺术手法表现面料，可能要求准确性。

风潮（Fad）：一时的流行。

时装周期（Fashion cycle）：服装公司计划、设计、制造并营销其产品系列的时间。

时装设计师（Fashion designer）：发明并设计服装的人。

时装插画（Fashion illustration）：一种艺术图画，用来宣传某一时装。

自由职业者（Freelancer）：自雇式的工作方式，或能够为很多雇主工作，而不是接受单独一家委任的。通常接受个案或某一限定期限内的雇用。

最终作品系列（Final collection）：大学毕业前的最后一次作品系列。

摇摆女郎（Flapper）：1920年代的年轻女性形象，她们不愿再屈从于以往的端庄形象和时装传统。

平面结构图（Flats）：图解式草稿（参见"尺寸标注图"一词）。

亮光杂志（Glossies）：高品质杂志。

毕业（Graduation）：完成学位课程的学习。

毕业展（Graduation exhibition）：毕业生作品展示会，有潜在的雇主参加。

布纹（Grain）：面料纱线的方向。面料可以顺着或逆着笔直的布纹线裁剪，造成悬垂、贴身的效果，如同草稿中所强调的。

手迹风格/签名风格（Handwriting signature）：个人的设计风格、设计特色或绘画方式。

高级时装（Haute couture）：法语术语，表示最高级的女装裁制行业。设计师或公司只有通过法国高级时装公会理事会的严苛的考评，才能称自己的作品为"高级时装"。

插画代理人（Illustration agent）：代表插画家并推广其作品的公司或个人。

实习（Internship）：通常指学生在两星期到九个月之间在企业里学习获得工作经验的时期。

标签（Label）：通常用做标识（logo）的近义词，也用来指鉴别产品设计师或制造商以及原产地、纤维成分、水洗护理等情况的标牌。

设计图簿（Layout pad）：薄纸写生簿，可用于临摹。

灯箱（Light box）：打亮纸面的设备，用于临摹图像。

人体写生（life-drawing）：根据裸体人物作画。

阵容（Line-up）：对模特试穿样衣或成衣的预览，用以确定整个系列的平衡性、系列性和次序。阵容可以画出并放于作品集中。

标识（Logo）：用于辨别产品或设计师的品牌名称或标志。

Mac：Macintosh苹果电脑的简称。

Manga：日本漫画或动画片。

人体模型（Mannequin）：人台，通常做成真人大小，用于展示或试穿服装。较小的木制人体模型则用于绘画人体比例和姿势。

留白液（Masking fluid）：一种用于防涂色的液体。

纪念物（Memorabilia）：因为一件重要的个人事件或经历而制作的作为纪念品的物品。有时，这类物品被视为收藏物。

234

附录

情绪板（Mood board）：用于表现整体概念和所设计系列的方向的展示板。它用于展示在设计过程中非常重要的标志性图案、面料和色彩，记录一组设计的风格和主题。

实物绘画或观察性绘画（Objective or observational drawing）：通过直观观察而画下所见的创作方式。

轮廓（Outline）：物体的边线或外部形态。

调色板（Palette）：在插画中，它表示一件艺术作品中使用的色彩范围。

潘通色卡（Pantone）：世界性色彩参照系统。

PC：个人电脑的缩写。

照片集成（Photomontage）：将一些图片或图片的某些部分整合成一张合成图片的技术。照片集成常用于艺术和广告业。

像素（Pixel）：独立的小光点，是电脑或电视屏幕上构成图片的基本单位。在数字成像中，它是构成图片的最小单位。

Pochoir：使用精心雕刻的模版，用水彩印上色成为线条画。这种方法源于日本，在1900年代曾是风靡一时的时装画法。

作品集（Portfolio）：大号的可携带的平面作品集或剪报集，让可能的客户综合了解插画家或设计师的素质。

姿势（Pose）：特定的身体姿势或站姿。人物的姿势是时装画的重要组成部分，表现时装画的效果和情感。

研究生学习（Postgraduate study）：大学生在毕业后继续在学校环境中学习或进行研究的机会。

Première vision（PV）：法语，"第一视觉"展，为巴黎一年两次的面料展的名称。

Prêt-à-porter：法语，成衣，用于高品质时装和设计师时装领域，也是一个大型时装展的名称。

价格点（Price point）：不同的价格范围表现了不同的质量和市场水平，例如：廉价品、设计师产品和奢侈品。插画家的款式规格图（参见下文解释）可帮助设定一个价格点。

原色（Primary colours）：不能用其他颜色混合调配而得出的颜色，但其他颜色可通过原色调配得出。

促销（Promotion）：在市场上推广某事物，使其更出名、更受喜爱的方式。促销性的时装画主要用在提高服装销售的广告上。

比例（Proportion）：一份设计中，不同部分之间的联系与协调性。作为时装设计的原则，在时装画中它还与人体不同部分间的相对大小和形态相关。

迷幻（Psychedelic）：通常用于形容荒诞或是狂热色彩的作品，表现一种就像受药物影响的人的感受。

系列构建（Range building）：构建一组相关联的构思并使其落实在服装上的过程。

成衣（Ready-to-wear）：也称现成衣服、Prêt-à-porter或服装单品。

研究（Research）：有方法地考察某一项目或主题，获得观察所得和可视数据。

零售（Retail）：从商家流通到个体消费者的商品销售方式。

扫描仪（Scanner）：将图片以数字形式存储、提取及转换的设备。

间色（Secondary colours）：由两种原色调配而成的颜色。

加暗（Shade）：用黑色与某种颜色调配的结果。

剪影轮廓（Silhouette）：不含细节的服装或人的整体形状。

写生簿（Sketchbook）：图像笔记本或日记，用以创造个人对世界的感受和对成品的灵感构思。

快照（Snapshot）：对一连串事件或一件连续过程事件其中某一特定时刻的记录或印象。

款式规格图（Specification drawings,或specs）：带有尺寸和制造说明等注解的设计图，例如制作一件服装所要用的针缝和装饰内容。

内涵（Stories）：在一个服装系列中由面料、色彩、风格等结合组成的设计主题。

故事板（Storyboard）：也作主题板，是对详细的风格及配套服装分解的服装系列的构想表现。

造型师（Stylist）：准备时装单品用于拍摄或表演的时装类专业人士。

撕页（Tear sheets）：也做取页，指从杂志等取得图片，将它们作为新设想的初始灵感或论证，而不是仿制。

模版（Template）：参考性质的原图或样式，可用以用来制作其他相近的形状。人物模版可辅助服装设计，也可用于插画。

复色（Tertiary colours）：原色和与其相邻的间色调配而得的颜色。

主题（Theme）：一致的图像或构想，在时装设计或时装画中，它不断重复出现在同一个时装系列或同一组草图、插画中。

淡化（Tint）：把颜色与白色调配获得的效果。

坯布样衣（Toile）：法语词，指用轻盈的细薄棉布描述服装样品或试验品。

调和（Tone）：把灰色和其他颜色调配获得的效果。

临摹（Tracing）：用放一张半透明纸在原图之上的方式复制图像。

流行（Trend）：现在的时尚或风格。

趋势之书（Trend book）：预测长至两年后的未来流行趋势的彩色书。

装饰（Trimming）：在时装插画中指绘制服装的装饰细节，同样用于对未固定的服装纱线的清剪。

导师（Tutor）：在英国大学中，指为分配成一组的学生担任教学及指导的学者。

导师指导（Tutorial）：导师与单个学生讨论该学生的发展。

矢量（Vector）：以数学方式解析事物或一组事物，在计算机处理时，可以指一组只带一个方向的长度数据。

取景卡（Viewfinder）：一个简易的设备，帮助一幅图片在限制框内选取人物及周围环境。它帮助画者做出最好的背景选择。

235

图片来源及版权

我们尽可能联络版权所有人，但不免仍有遗漏或缪误。劳伦斯·金出版社将在本书再版时适当鸣谢。

插画家、艺术家、摄影师按字母排序，数字代表这幅作品出现的页数。

Antoniou, Rebecca 7
c/o Art Department – Illustration Division,
stephaniep@art-dept.com

Bakkum, Vincent 11, 51 (bottom), 70, 152–53
www.saintjustine.com, vincent@saintjustine.com,
www.pekkafinland.fi, pekka@pekkafinland.fi

Bagshaw, Tom 39, 51 (top right), 113–17, 158–59
www.mostlywanted.com, tom@mostlywanted.com

Ball, Victoria 139, 180–81
www.illustrationweb.com,
team@illustrationweb.com

Berning, Tina 27, 67 (bottom), 71, 93–97, 188–89
www.tinaberning.de, www.cwc-i.com,
agent@cwc-i.com

Bolongaro Trevor 86, 91 (left), 130–32
www.bolongarotrevor.com
info@bolongarotrevor.com

Bouché, René 145 (right) ©Condé Nast Archive

Bouët-Willaumez, René 145 (left)
©Condé Nast Archive

Brandreth, Louise 36 (bottom right)
looeb@yahoo.co.uk

Brooks, Jason 146 (below), 150 (left)
Courtesy the artist

Caballero, Paula Sanz 73, 157
www.paulasanzcaballero.com,
nairobiflat@paulasanzcaballero.com

Campbell, Stephen 143 (right)
c/o Art Department – Illustration Division,
stephaniep@art-dept.com

Carlstedt, Cecilia 17, 54 (top right), 61, 69 (top), 75, 82 (right), 83, 84 (right), 85, 86 (right), 87, 88 (right), 89, 90, 91 (column right), 92, 186–87
www.ceciliacarlstedt.com,
info@ceciliacarlstedt.com, www.art-dept.com

Carosia, Edgardo 51 (above left), 67 (top), 164–65
ed-press.blogspot.com, ed-book.blogspot.com,
ed.carosia@gmail.com, www.agent002.com.
www.bravofactory.com

Chin, Marcos 98–101, 142, 151, 163
www.marcoschin.com, marcos@marcoschin.com

Clark, Ossie 37 (right) Courtesy of Celia Birtwell

Clark, Peter 65 www.peterclarkcollage.com
peterclark2000@hotmail.com

Collison, Lindsey 47

Davidsen, Cathrine Raben 23 (right)
www.cathrinerabendavidsen.com

Dignan, James 204–05
www.jamesdignan.com, james@jamesdignan.com

Dover, Poppy 208–10
poppydover@yahoo.com

Downton, David 144 (bottom), 218–21
www.daviddownton.com
dd@daviddownton.com

Dufkova, Petra 206
www.illustrationweb.com

Erikson, Eric Carl 144 (top) ©Condé Nast Archive

Fellows, Craig 9, 18–21, 136–38
www.craigfellows.co.uk, info@craigfellows.co.uk

Forbes, Montana 50, 196–97
www.montanaforbes.com,
me@montanaforbes.com

Fraser, Vince 76, 166–67, 211, 227
www.vincefraser.com, vince@vincefraser.com

Fulvimari, Jeffrey 224–26, 226 (The English Roses, published by Callaway Editions, Inc. ©2003 Madonna. All rights reserved.)
www.jeffreyfulvimari.com

Gardiner, Louise 72, 80 (right column), 102–05, 194–95
www.lougardiner.co.uk,
loulougardiner@hotmail.com

Gibb, Kate 77, 177
kategibb.blogspot.com, www.bigactive.com,
info@thisisanoriginalscreenprint.com,

Gibson, Charles Dana 140
Private Collection, London

Glynn, Chris 32 (top left and top right)
glynngraphics@hotmail.com

Goetz, Silja 66 (bottom), 74, 174–75
www.siljagoetz.com, silja@siljagoetz.com,
www.art-dept.com, stephaniep@art-dept.com

Gregor, Max 45, 54 (bottom left), 80 (bottom), 81, 184–85
www.illustrationweb.com,
team@illustrationweb.com

Hegardt, Amelie 69, (bottom), 118–20, 190–91
www.ameliehegardt.com,
info@ameliehegardt.com, www.trafficnyc.com,
www.darlingmanagement.com

Held, John, Jr 143 (left) Private Collection, London

Høj, Iben 22, 23 (left), 24, 26, 27, 84, 133–34
www.ibenhoej.com, info@ibenhoej.com

Huerta, Carmen García 44 (right) c/o CWC International, Inc., agent@cwc-i.com,
www.cghuerta.com, cghuerta2@yahoo.es

Huish, Megan 10
meganhuish@mac.com; model: Hannah Warren

Hulme, Sophie 88, 125, 127, 128–29
www.sophiehulme.com, info@sophiehulme.com

James, Marcus 35 (right column)
marcus@marcusjames.co.uk

Kiraz 146 (top) Private Collection, London

Laine, Laura 121, 135 www.lauralaine.net,
laura@lauralaine.net,
malin@darlingmanagement.com

Larroca, Alma 168–69
www.almalarroca.com, www.almalarroca.blogspot.com, alma.larroca@gmail.com

Le Pape, Georges 141 Art Archive/©ADAGP, Paris and DACS, London 2010

Lindbergh, Peter (photographer) 13 (right)

Lökholm, Fredrika and Slivka, Martin (photographers) 63 (all images)

© Laurence King Publishing Ltd

Lopez, Antonio 147
© The Estate of Antonio Lopez

Lovegrove, Gilly 12 (top), 13 (left), 32 (bottom), 33, 40–41, 42 (top), 46 (centre and bottom), 48–49, 50 (bottom), 52 (bottom), 55, 56, 58
© Laurence King Publishing;
gilly@love-grove.fsnet.co.uk

Marshall, Francis 35 (left) Francis Marshall Archive/Victoria & Albert Museum/The Archive of Art & Design/©ADAGP, Paris and DACS London, 2010

Matisse, Henri 37 (left)
©Succession H Matisse/DACS 2010

Morris, Bethan 10, 11 (right and bottom), 12 (bottom), 14, 34 (centre), 36 (top), 46 (top left)
Bethanmorris1@yahoo.co.uk

Nishinaka, Jeff 64, 172–73
www.jeffnishinaka.com, paperart@earthlink.net

Nottingham Trent University 213, 215
www.ntu.ac.uk

Nsirim, Jacqueline 15 (below)
jnsirim@hotmail.com

O'Reilly, Rosie 36 (bottom left)
rosieoreilly@hotmail.com

Palser, Marega 34 (left and right)
marega@ntlworld.com

Persson, Stina 25, 54 (top left),
59 (bottom left), 154–55, back cover
www.stinapersson.com, www.cwc-i.com,
agent@cwc-i.com

Picasso, Pablo 31 (above) [Museu Picasso, Barcelona/"AHCB-ARXIU Fotogràfic – J. Calafell/©Succession Picasso/DACS 2010]; 31 (below) [Musée Picasso, Paris/Photo RMN "Gérard Blot/©Succession Picasso/DACS 2010]

Plovmand, Wendy 200–01
www.wendyplovmand.com, mail@wendyplovmand.com, www.centralillustration.com, info@centralillustration.com, www.trafficnyc.com, info@trafficnyc.com

Promostyl 222–23 www.promostyl.com

:puntoos 2, 29, 59 (top left and right), 60, 192–93
www.trafficnyc.com, info@trafficnyc.com

Rounthwaite, Graham 150 (right)
www.grahamrounthwaite.com,
studio@grahamrounthwaite.com

Ryo, Masaki 160-61
www.masakiryo.com, www.cwc-i.com,
agent@cwc-i.com

Shimizu, Yuko 39, 59 (bottom right), 81, 202–03
www.yukoart.com, yuko@yukoart.com

Singh, Sara 38, 53, 57, 68, 170–71, front cover
www.sarasingh.com, mail@sarasingh.com,
stephaniep@art-dept.com, www.art-dept.com

Smith, Lewis 43 (bottom) lewis205@hotmail.co.uk

Tonge, Sophia Bentley 123
sophiabentleytonge@yahoo.co.uk

Viramontes, Tony 148
© The Estate of Tony Viramontes

Wagt, Robert 43 (top), 106–08, 178–79
www.lindgrensmith.com,
www.margarethe-illustration.com

附录

Wester, Annika 182–83
www.annikawester.com, www.cwc-i.com,
agent@cwc-i.com

White, Edwina 5, 54 (bottom right), 66 (top),
109–112, 198–99
www.edwinawhite.com, fiftytwopickup@gmail.com

Zoltan 149 Courtesy the artist

p. 63
Art materials supplied by
London Graphic Centre,
16–18 Shelton St, London WC2
www.londongraphics.co.uk

p.208
photographer: www.richardstow.com
model: Chloe Pridham
pridhampster@gmail.comWhite, Edwina 5, 54 (bottom right), 66 (top),
109–112, 198–99
www.edwinawhite.com, fiftytwopickup@gmail.com

鸣谢

我想感谢对本书的成功做出贡献的职业插画家们。感谢你们，分享你们的智慧能够给全世界的学生带来启发，能提高学生的时装插画和作品集品质。

这一版里大大增加了时装设计师伊本·赫侬、索菲·休姆及巴隆盖诺·特雷弗（Bolongaro Trevor）的作品。塞西莉亚·卡斯特德对面料的表现能力也是本版新增的优秀内容，此外还有蒂娜·伯宁、马科斯·秦、路易丝·加德纳、罗伯特·瓦格特、埃德温娜·怀特、汤姆·巴格肖和艾米莉·赫格特的指导。特别要提到萨拉·辛和丝蒂娜·帕森提供的漂亮的封面图片。

三名新近毕业的学生也出现在本书中，为本书增色不少。克雷格·费洛斯、索菲娅·本特利汤和波比·多弗，我知道你们都将在自己的领域大放异彩。我衷心地祝福并感谢你们。

我还要感谢在我自己的学习中影响过我的艺术与设计学者们。我本人也是一名讲师，我非常倚重并感谢他们对我职业的扶植。我要感谢伊莉莎白·阿什顿、吉利恩·圣约翰、戴夫·古尔德、朱莉·平奇斯、简·戴维森和史蒂夫·汤普森。我尤其希望约翰·迈尔斯教授能知道，正是他坚信我应该写一本书，才让我踏上这条路。谢谢你约翰，感谢所有那些激励我的谈心及责备！

劳伦斯·金团队让这本书的发行过程顺畅无阻。我衷心地感谢乔·莱特富特、丽琪·巴兰坦以及彼特·肯特。与我出色的编辑们安妮·汤利和彼特·琼斯合作真是极大的荣幸。感谢你们能够理解解决水痘、猴子音乐课和做橡皮泥蛋糕总是得放在完成书之前！

最后，特别要谢谢你们：迦法，我的妈妈，温迪和休给予一名作家和母亲所能得到的最美满的家庭。我想如果没有你们一直的支持、爱与鼓励，我没办法完成这本书。

献词

给我最美丽的小女孩们，玛蒂尔达和波丽安娜。可以做你们俩的妈咪是我在这世上最美好的事！没错，比当插画家更美好！

我的妈妈教导我，要相信自己可以做到人生中的任何事，我希望你们也能同样永远如此。

中国纺织出版社图书推介：服装设计

《时装设计元素：款式与造型》
作者：西蒙·卓沃斯-斯宾塞
　　　瑟瑞达·瑟蒙 著
　　　董雪丹 译
定价：49.80元

《时装设计元素：拓展系列设计》
作者：【英】艾丽诺·伦弗鲁 著
　　　袁燕 张雅毅 译
定价：49.80元

《时装设计元素：结构与工艺》
作者：【英】安妮特·费舍尔 著
　　　刘莉 译
定价：49.80元

《时装设计元素：调研与设计》
作者：森马·塞维瑞特 著
　　　袁燕 肖红 译
定价：49.80元

《时装设计元素：时装画》
作者：约翰·霍普金斯 著
　　　沈琳琳 崔荣荣 译
定价：49.80元

《时装设计元素：面料与设计》
作者：杰妮·阿黛尔 著
　　　朱方龙 译
定价：49.80元

《时装·品牌·设计师-从服装设计到品牌运营》
作者：【英】托比·迈德斯 著
　　　杜冰冰 译
定价：42.00元

《时装设计元素》
作者：理查德·索格（Richard Sorger）
　　　杰妮·阿黛尔（Jenny Udale）
　　　袁燕 刘驰 译
定价：48.00元

《时装设计》
作者：索恩·詹凯恩·琼斯 著
　　　张翎 译
定价：58.00元

"国际服装丛书·设计"丛书涵盖时装设计的主要元素。被英国曼彻斯特大学、英国皇家学院在内多家服装学院定为专业教材，获国内外多家服装院校师生及专家好评。

《法国新锐时装绘画-从速写到创作》
作者：【法】多米尼克·萨瓦尔 著
定价：49.80元

本书是一本时尚插图的教学书，作者的写作灵感缘起于二十多年来在夏尔东·萨瓦尔（Chardon Savard）画室上素描、观察和插图课的经验，他总结的独特教学法旨在开发学生的创作能力，而这种教学法又同时基于两种思想：口述的和解析的、感官的和直观的。

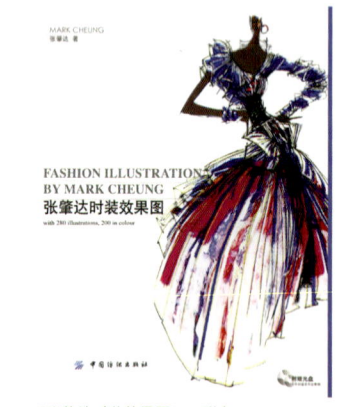

《张肇达时装效果图》（附盘）
作者：张肇达 著
定价：68.00元

以不同系列、不同风格、不同主题的精美时装效果图做为全书的核心内容，并以或飘洒或奔放的水墨画与油画穿插其间。既展示了作者张肇达大师自身深厚的艺术功底与丰富的艺术感觉，又带给读者完美的视觉享受与难得的艺术熏陶。

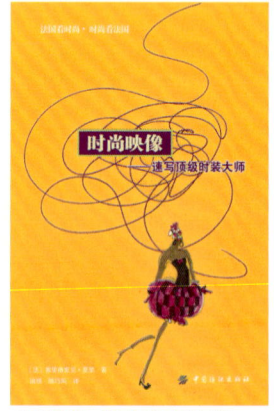

《时尚映像：速写顶级时装大师》
作者：【法】弗里德里克·莫里 著
定价：68.00元

一幅幅彩色速写图和设计手稿、一张张请柬所勾勒出的就是一位时尚痴迷者的心路历程。从20世纪70年代的成衣先驱（让·夏尔·德卡斯特巴加、丹尼尔·赫施特以及让·布甘）到今天的新兴才俊（约翰·加里亚诺、马克·雅各布斯、阿贝尔·艾尔巴兹和尼古拉·盖斯基耶），弗里德里克·莫里罗织的都是最伟大的时尚创造者。

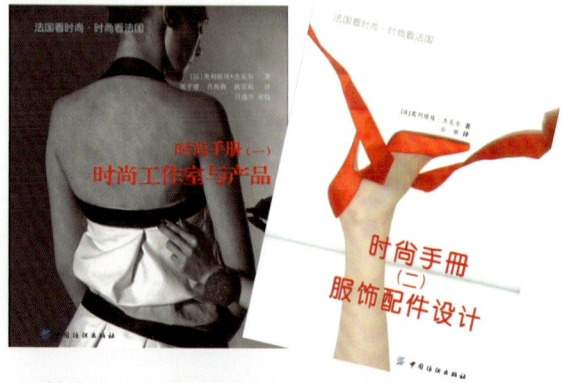

《时尚手册（一）：时尚工作室与产品》
《时尚手册（二）：服饰配件设计》
[法]奥利维埃·杰瓦尔 著
定价：58.00元

《实现设计：服装造型工艺》
作者：周少华 著
定价：48.00元

本书通过文字说明、图片与案例分析，对实现设计——服装造型工艺操作流程进行了专业的讲解。通过实例对设计创作中的主体思维转换、面料选择、工艺细节处理、方法实施及拓展逐步进行分析。

中国纺织出版社图书推介： 营销类图书

《服装这样卖才赚钱》
作者：张军 著　定价：28.00元
针对员工、顾客、产品营销三个方面，本书将给您一个素材，一个方法，一个思路，一套运营系统，让您的店铺业绩从此飞速增长，让您的店铺日益壮大……

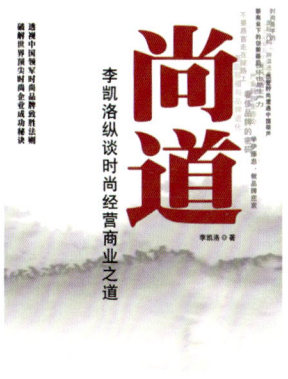

《尚道——李凯洛纵谈时尚经营商业之道》
作者：李凯洛
定价：38.00元
尚道，即时尚之道。既是时尚的哲学道理，也是时尚的路径道路。本书涉及经济、文化、创意、美学、艺术、哲学等多个领域，从时尚经济学角度，纵览全球时尚格局，深度解密商业竞争中的时尚谋略，时尚商业经营之道，全方位探寻时尚发展的驱动力以及时尚发展的时代脉络，从品牌、商业、创新、万象、中国等五大角度深刻阐释时尚的玄机和规律。

《商业价值新支点
——让奥特莱斯赢在中国》
作者：罗欣 主编
定价：29.80元
奥特莱斯作为一种风靡全球的商业领域零售业态，有近百年的演变和发展进程，并且未来具备极大发展空间。如何使奥特莱斯中国本土化，并且成为未来商业价值新支点，是本书重点探讨的问题。

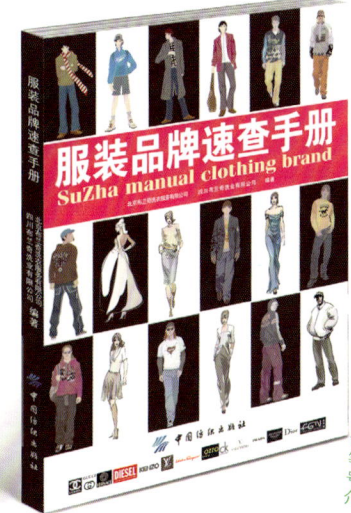

《服装品牌速查手册》
北京布兰奇洗衣服务有限公司
四川布兰奇洗业有限公司　编著
定价：38.00元
在信息迅速更新、物质极大丰富的今天，消费者如何正确选择适合自己的服饰品牌，妥善养护好自己的"第二层皮肤"，有必要了解点服饰品牌的知识，《服装品牌速查手册》的编著即是基于此目的。本书收录了国内外700多个知名的服装品牌，简明扼要地介绍了其品牌服饰风格、特点、LOGO以及企业文化等方面的内容，并对国际洗涤符号、纤维的中英文对照都作了详细介绍。

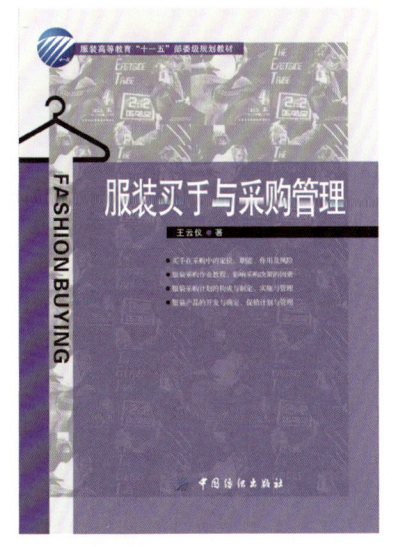

《视觉之旅-品牌时装橱窗设计》
【英】托尼·摩根 著　陈望 译　定价：78.00元
本书展现了世界上最成功的零售商和天才视觉营销师的最佳橱窗陈列作品。对橱窗展示设计进行了全面系统的讲解，使读者们尽快了解到世界橱窗时尚走向。

《视觉营销-零售店橱窗与店内陈列》
【英】托尼·摩根 著　陈望 译　定价：78.00元
书中涵盖了世界各地视觉营销的最佳实例、众多第一手的访谈纪录及权威视觉陈列师的切身心得与建议，以期为零售界人士、从事视觉营销工作的专业人员以及欲从事此行业的学生提供指导和帮助。

《服装买手与采购管理》
作者：王云仪 著
定价：32.00元
立足于服装采购管理全球化的背景，引入先进发达国家服装零售采购行业的最新理念，讲述买手在服装采购管理中的地位、职能、作用及其所面临的挑战和风险。

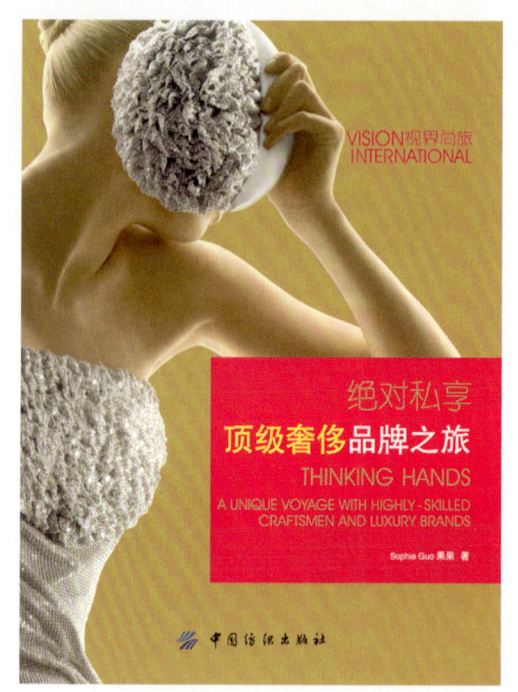

中国纺织出版社图书推介： 时尚话题

《绝对私享——顶级奢侈品牌之旅》
作者：果果 著
定价：39.80元

本书记录了作者旅欧期间，亲临各大高级手工定制坊的所见所闻，这些品牌包括我们所熟知的卡地亚、爱马仕、施华洛世奇等，也有我们并不熟悉的都幕、百乐、野牛等等。

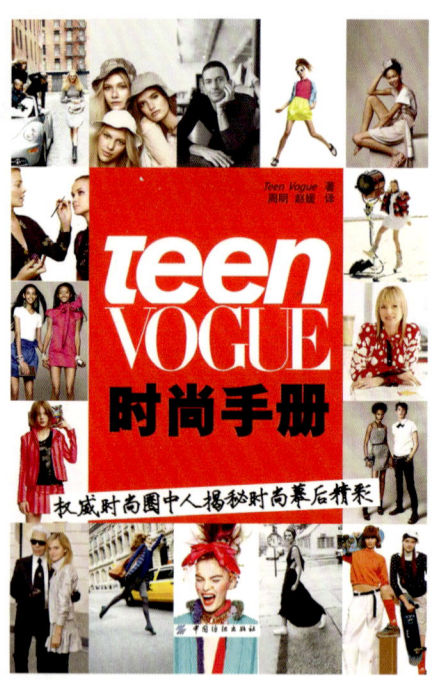

《Teen vogue 时尚手册》
Teen Vogue杂志 著
定价：68.00元

本书是Teen Vogue杂志推出的，一本写给那些立志要闯入时尚业的年轻人看的书，书中收录了包括卡尔·拉格菲尔德、麦克·雅各布，还有电影《穿普拉达的女王》（The Devil Wears Prada）的原型安娜·温图尔，本书由Teen Vogue主编亲自作序，这些时尚大腕们提供了自己的宝贵经验和建议。

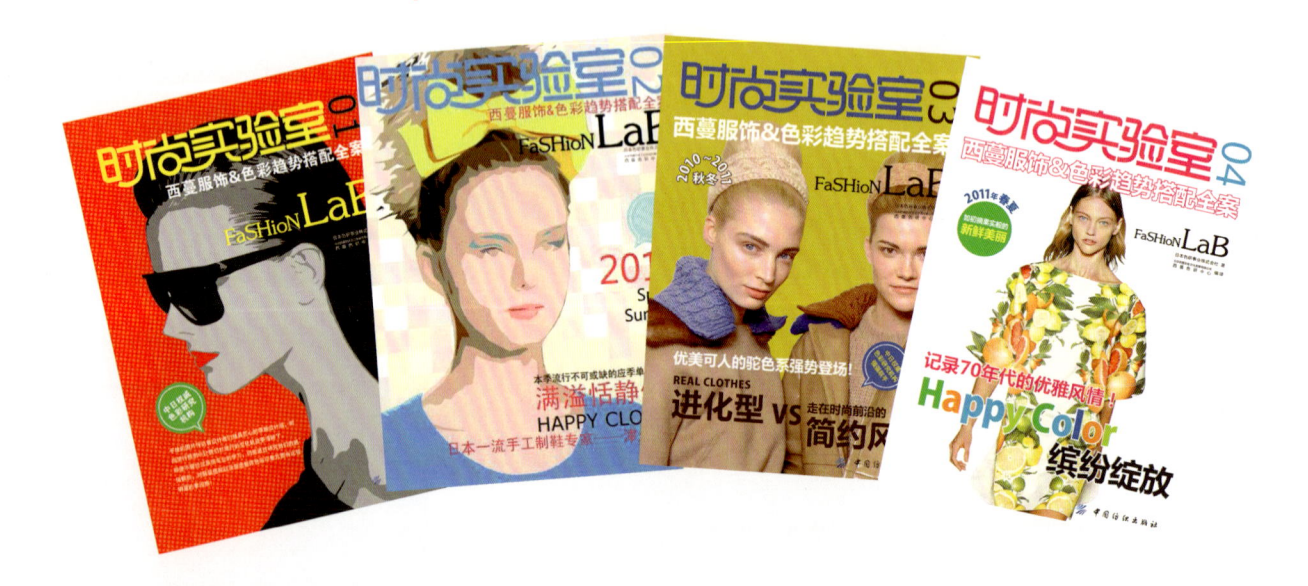

《时尚实验室：西蔓服饰&色彩趋势搭配全案》 日本色研事业株式会社 著　北京西蔓色彩文化发展有限公司 西蔓色研中心 编译　定价：38.00元

一年两期，与日本同期出版，全面诠释世界最前沿的时尚色彩与搭配流行趋势。